河南大别山
国家级自然保护区鸟类图鉴

河南大别山国家级自然保护区管理局　编著

黄河水利出版社
·郑　州·

内 容 提 要

本书以图文并茂的形式，介绍了河南大别山国家级自然保护区鸟类的种属、外形、生活习性等，能够帮助读者快速识别鸟的种类，并及时了解其生物学与生态学的简要特征，包括鸟类分布的时空特征等，是一本适用于在大别山境内开展野外鸟类研究与观察的工具书。

本书可供动物、林业等专业学生、户外运动爱好者阅读参考，同时可以作为游客了解当地鸟类资源的科普读物。

图书在版编目（CIP）数据

河南大别山国家级自然保护区鸟类图鉴 / 河南大别山国家级自然保护区管理局编著. -- 郑州：黄河水利出版社，2024.5. -- ISBN 978-7-5509-3899-1

Ⅰ. Q959.708-64

中国国家版本馆CIP数据核字第202472G6F4号

组稿编辑：王路平　电话：0371-66022212　E-mail：hhslwlp@126.com
田丽萍　66025553　912810592@qq.com

责任编辑：景泽龙　责任校对：王　璇　封面设计：张心怡　责任监制：常红昕

出 版 社：黄河水利出版社

地址：河南省郑州市顺河路49号　邮编：450003

网址：www.yrcp.com　E-mail：hhslcbs@126.com

发行部电话：0371-66020550、66028024

承印单位：河南匠心印刷有限公司

开本：787 mm × 1 092 mm　1/16

印张：20.25

字数：410 千字

版次：2024 年 5 月第 1 版　印次：2024 年 5 月第 1 次印刷

定价：200.00 元

《河南大别山国家级自然保护区鸟类图鉴》
编辑委员会

前 言

河南大别山国家级自然保护区位于河南省商城县中东部、豫皖两省交界处的大别山腹地，地理坐标介于东经115°17′20″～115°37′45″、北纬31°41′50″～31°48′32″，是以森林生态系统类型为主的自然保护区。保护区始建于2011年11月，前身为1982年6月建立的河南商城金刚台省级自然保护区和2001年12月建立的河南商城鲇鱼山省级自然保护区，2014年12月经国务院批准晋升为国家级自然保护区，总面积10 600 hm²，其中核心区面积3 257 hm²，缓冲区面积2 061 hm²，实验区面积5 282 hm²。保护区地处亚热带北缘的南北气候过渡带，我国地势第二阶梯向第三阶梯的过渡区域，独特的地理位置和丰富的气候资源为野生动植物的生长繁育提供了理想的环境，野生动植物特别是珍稀濒危物种种类多、分布广、蓄存量大，是一个巨大的天然生物物种基因库，素有“中州博物馆”“生物宝库”之称。

保护区包括金刚台、鲇鱼山两个片区，金刚台片区是在国有商城县金刚台林场基础上建立的，地形复杂，群山连绵，1 000 m以上山峰就有16座，主峰金刚台海拔1 584 m，为大别山脉在河南境内最高峰。该区气候温和湿润，四季分明，年均降水量1 300 mm 。鲇鱼山片区位于县城西南部，距县城5 km，区内有国家大型Ⅱ类水库——鲇鱼山水库，水域广阔，风景优美，有湿地面积近万公顷，区内分布脊椎动物400余种，其中国家重点保护的中华秋沙鸭、鸳鸯、天鹅、白琵鹭等20多种。该区处于我国候鸟南北迁飞的中线，是我国重要的候鸟集群迁飞停歇繁衍地和觅食区，候鸟种类和数量较多，其中列入“中日两国政府保护候鸟协定”的候鸟114种，列入“中澳两国政府保护候鸟协定”的候鸟14种。鲇鱼山湿地是河南省中华秋沙鸭种群数量分布最多的区域，已发现的有91只，占全国总数量的7.99%，占全球总数量的3.03%。

近年来，河南大别山国家级自然保护区管理局在国家林业和草原局及省、市有关部门支持下，联合河南农业大学、河南省伏牛山生物资源与生态环境野外科学观测研究站、河南林业资源监测院、河南省野生动物保护中心、河南省林业科学研究院、郑州师范学院等多家单位，组织近50位专家及技术人员，对区内动物资源进行了考察及研究，拍摄鸟类照片近万张，本书记录鸟类均为调查人员调查成果。

由于时间仓促，部分照片质量不尽如人意，敬请谅解！受编者水平所限，如有谬误之处，恳请读者批评指正！

作 者

2023年12月

目 录

Ⅰ 鸡形目 GALLIFORMES

一 雉科 Phasianidae

Ⅱ 雁形目 ANSERIFORMES

二 鸭科 Anatidae

Ⅲ 䴙䴘目 PODICIPEDIFORMES

三 䴙䴘科 Podicipedidae

Ⅳ 鸽形目 COLUMBIFORMES

四 鸠鸽科 Columbidae

十四 三趾鹑科 Turnicidae

十五 燕鸻科 Glareolidae

十六 鸥科 Laridae

IX 鲣鸟目 SULIFORMES

十七 鸬鹚科 Phalacrocoracidae

X 鹈形目 PELECANIFORMES

十八 鹮科 Threskiornithidae

十九 鹭科 Ardeidae

XI 鹰形目 ACCIPITRIFORMES

二十 鹗科 Pandionidae

二十一 鹰科 Accipitridae

三十 山椒鸟科 Campephagidae

三十一 卷尾科 Dicruridae

三十二 王鹟科 Monarchidae

三十三 伯劳科 Laniidae

三十四 鸦科 Corvidae

三十五 玉鹟科 Stenostiridae

三十六 山雀科 Paridae

三十七 攀雀科 Remizidae

三十八 百灵科 Alaudidae

三十九 扇尾莺科 Cisticolidae

四十 苇莺科 Acrocephalidae

四十一 蝗莺科 Locustellidae

四十二 燕科 Hirundinidae

四十三 鹎科 Pycnonotidae

四十四 柳莺科 Phylloscopidae

四十五 树莺科 Scotocercidae

四十六 长尾山雀科 Aegithalidae

四十七 鸦雀科 Paradoxornithidae

四十八 绣眼鸟科 Zosteropidae

四十九 林鹛科 Timaliidae

五十 幽鹛科 Pellorneidae

五十一 噪鹛科 Leiothrichidae

五十二 䴓科 Sittidae

五十三 鹪鹩科 Troglodytidae

五十四 河乌科 Cinclidae

五十五 椋鸟科 Sturnidae

五十六 鸫科 Turdidae

五十七 鹟科 Muscicapidae

五十八 戴菊科 Regulidae

五十九 太平鸟科 Bombycillidae

六十 梅花雀科 Estrildidae

六十一 雀科 Passeridae

六十二 鹡鸰科 Motacillidae

六十三 燕雀科 Fringillidae

六十四 鹀科 Emberizidae

I 鸡形目 GALLIFORMES

一 雉科 Phasianidae

001 鹌鹑 *Coturnix japonica*

鸡形目 / GALLIFORMES　雉科 / Phasianidae

识别特征　体小（18 cm）而滚圆，褐色带明显的草黄色矛状条纹及不规则斑纹，雄雌两性上体均具红褐色及黑色横纹。雄鸟颏深褐，喉中线向两侧上弯至耳羽，紧贴皮黄色项圈。皮黄色眉纹与褐色头顶及贯眼纹成明显对照。雌鸟亦有相似图纹，但对照不甚明显。虹膜红褐色，嘴灰色，脚肉棕色。叫声：响亮、清晰如滴水般的三音节哨音常被形容为“wet my lips”，常在清晨、黄昏或夜晚时鸣叫。被赶时发出刺耳哨音。

生活习性　常成对而非成群活动。喜农耕区的谷物农田或草地。

地理分布　欧洲至亚洲西部、印度、非洲、马达加斯加及亚洲东北部。罕见。繁殖于新疆喀什、天山及罗布泊地区；迁徙时见于西藏南部及东南部。

002 勺鸡 *Pucrasia macrolopha*

鸡形目 / GALLIFORMES　雉科 / Phasianidae

识别特征　体大（61 cm）而尾相对短的雉类。具明显的飘逸型耳羽束。雄鸟：头顶及冠羽近灰；喉、宽阔的眼线、枕及耳羽束金属绿色；颈侧白；上背皮黄色；胸栗色；其他部位的体羽为长的白色羽毛上具黑色矛状纹。雌鸟：体型较小，具冠羽但无长的耳羽束；体羽图纹与雄鸟同。亚种细部有别：joretiana 冠羽短，胸部无黄色；ruficollis 上胸多赤褐色；darwini 下体皮黄色；xanthospila 上体羽毛多条纹，雌鸟灰色重而黑色斑纹少。虹膜褐色，嘴近褐，脚紫灰。叫声易与其他雉类分别。响亮、震耳的粗犷叫声 khwa-kha-kaak 或 kok-kok-kok…ko-kras，远处可辨。倒数第二音高，但重音在最后。

生活习性　常单独或成对活动。遇警情时深伏不动，不易被赶。枪响或倒树的突发声会使数只雄鸟大叫。雄鸟炫耀时耳羽束竖起。喜开阔的多岩林地，常为松林及杜鹃林。

地理分布　喜马拉雅山脉至中国中部及东部。在海拔 200 ~ 4 600 m 进行季节性迁移，但在东部只见于海拔 600 ~ 1 500 m 处。几个亚种见于中国：xanthospila 在河北北部、辽宁西部及山西北部；ruficollis 在甘肃南部、陕西南部、宁夏、四川北部及西部；joretiana 在安徽西部；darwini 在湖北、四川东部、贵州、安徽南部、浙江、福建北部、江西及广东北部；meyeri 在西藏东南部及云南西北部。

003 环颈雉 *Phasianus colchicus*

鸡形目 / GALLIFORMES　雉科 / Phasianidae

识别特征　体型较家鸡略小，但尾巴却长得多。雄鸟羽色华丽，分布在中国东部的几个亚种，颈部都有白色颈圈，与金属绿色的颈部形成显著的对比；尾羽长而有横斑。雌鸟的羽色暗淡，大都为褐色和棕黄色，而杂以黑斑；尾羽也较短。

生活习性　栖息于低山丘陵、农田、地边、沼泽草地，以及林缘灌丛和公路两边的灌丛与草地中，杂食性。所吃食物随地区和季节而不同。

地理分布　分布于欧洲东南部、小亚细亚、中亚、中国、蒙古、朝鲜、俄罗斯西伯利亚东南部以及越南北部和缅甸东北部。

004 白冠长尾雉 *Syrmaticus reevesii*

鸡形目 / GALLIFORMES 雉科 / Phasianidae

识别特征 雄鸟体大（180 cm）并具超长的带横斑尾羽（长至 1.5 m）。头部花纹黑白色。上体金黄而具黑色羽缘，呈鳞状。腹中部及股黑色。雌鸟胸部具红棕色鳞状纹，尾远较雄鸟为短。虹膜褐色，嘴角质色，脚灰色。叫声：极少出声。告警时雄鸟发出快速的 gu-gu-gu-gu 叫声。繁殖期雄鸟叫声似 gu-gu-gu，雌鸟回应叫声为 ge-ge-ge。迷途雏鸟发出 xia yiyo、xia yiyo 的哀叫声。

生活习性 具属的典型特性。长长的尾羽常被用作京剧的艳丽头饰。

地理分布 中国中部及东部的特有种。全球性易危（Collar et al., 1994）。数量稀少，且在过去 50 年中由于栖息地的丧失及对其长尾羽的采集而分布范围日趋狭窄。过去此鸟曾在湖北出现过，现分布于中国山东南部，湖北东部，安徽西部及贵州略大区域，四川东部、甘肃东南部、陕西南部、湖北西部、云南东北部及河南西南部。常见于海拔 300 ~ 1 800 m 多林山地的落叶栎树林及混交林。

Ⅱ 雁形目 ANSERIFORMES

二 鸭科 Anatidae

005 鸿雁 *Anser cygnoid*

雁形目 / ANSERIFORMES 鸭科 / Anatidae

识别特征 体大（88 cm）而颈长的雁。黑且长的嘴与前额成一直线，一道狭窄白线环绕嘴基。上体灰褐但羽缘皮黄。前颈白，头顶及颈背红褐色，前颈与后颈有一道明显界线。腿粉红色，臀部近白色，飞羽黑色。与小白额雁及白额雁区别在于嘴为黑色，额及前颈白色较少。虹膜褐色，嘴黑色，脚深橘黄色。叫声：飞行时作典型雁叫，升调的拖长音。

生活习性 成群栖于湖泊，并在附近的草地田野取食。

地理分布 繁殖于蒙古、中国东北及俄罗斯西伯利亚，越冬于中国中部、东部以及朝鲜。全球性易危（Collar et al., 1994）。繁殖于中国东北，迁徙途经中国东部至长江下游越冬，鲜见于东南沿海。漂鸟可达台湾。近5万只鸟在鄱阳湖越冬，为本种全球数量之大部。

006 短嘴豆雁 *Anser serrirostris*

雁形目 / ANSERIFORMES　鸭科 / Anatidae

识别特征　大型雁类，上体棕褐色，下体污白色，嘴黑褐色，具橘黄色端斑，脚橙黄色。相似种灰雁较浅，嘴为肉色，脚为粉色。亚种 serrirostris 与豆雁 middendorffii 亚种在中国东部同域分布，但是前者体型通常更小，颈脖更短，嘴长度通常在 70 mm 以下，下嘴基更厚，嘴端部黄色变化较大。

生活习性　繁殖于苔原地带，迁徙或越冬期，集大群于开阔平原草地、湖泊、农田地区，以苔草、农田作物为食。亚种 rossicus 在新疆西部及天山地区越冬，偶见于陕西南部；亚种 serrirostris 迁徙经东北、内蒙古、华北、甘肃和青海，越冬在长江中下游、华东及华南地区。

地理分布　亚种 rossicus 繁殖于俄罗斯北部、西伯利亚西北部，迁徙越冬至欧洲西部和中部、亚洲西南部；亚种 serrirostris 繁殖于西伯利亚东北部，迁徙越冬至东亚。

007 灰雁 *Anser anser*

雁形目 / ANSERIFORMES　鸭科 / Anatidae

识别特征　体大（76 cm）的灰褐色雁。以粉红色的嘴和脚为本种特征。嘴基无白色。上体体羽灰而羽缘白，使上体具扇贝形图纹。胸浅烟褐色，尾上及尾下覆羽均白。飞行中浅色的翼前区与飞羽的暗色成对比。虹膜褐色，嘴红粉色，脚粉红色。叫声：深沉的雁鸣声。

生活习性　栖居于疏树草原、沼泽及湖泊；取食于矮草地及农耕地。

地理分布　欧亚北部，越冬于北非、印度、中国及东南亚。繁殖于中国北方大部，结小群在中国南部及中部的湖泊越冬。一些鸟冬季至江西鄱阳湖。可能取食海南沿海地区的海草。

008 白额雁 *Anser albifrons*

雁形目 / ANSERIFORMES　鸭科 / Anatidae

识别特征　体大（70 ~ 85 cm）的灰色雁。颈短，嘴基与前额间有白色横纹，头、颈和背部羽毛棕黑色，羽缘灰白色。胸、腹部棕灰色，分布有不规则的黑斑。嘴粉红色，基部黄色；脚橘黄色。叫声：嘈杂的咯咯声。飞行时发出不同音阶的 lyo-lyok 悦耳叫声。叫声比豆雁或灰雁音高。

生活习性　冬季集大群于适宜的越冬地。

地理分布　繁殖于北半球的苔原冻土带，在温带的农田越冬。冬季于越冬地为地方性常见。亚种 frontalis 有记录迁徙时见于中国东北、山东及河北。越冬区在长江流域和华东各省至湖北、湖南及台湾。也见于西藏南部。冬季有约 2 万个体在鄱阳湖。

009 小白额雁 *Anser erythropus*

雁形目 / ANSERIFORMES 鸭科 / Anatidae

识别特征 中等体型（62 cm）的灰色雁。腿橘黄色，环嘴基有白斑，腹部具近黑色斑块。极似白额雁，冬季常与其混群。不同之处在于体型较小，嘴、颈较短，嘴周围白色斑块延伸至额部，眼圈黄色。虹膜深褐色，嘴粉红色，脚橘黄色。叫声：于繁殖地的告警叫声为响亮的 queue-oop。飞行时的高叫声比白额雁高，常为重复的 kyu-yu-yu。

生活习性 在中国于大河及湖泊边越冬，常与白额雁混群，取食于农田及苇茬地。性敏捷，有时在陆上奔跑。

地理分布 繁殖于欧亚极地，越冬于巴尔干、中东和中国东部的疏树草原及农田。全球性易危（Collar et al., 1994）。在中国甚罕见，但冬季有数千个体聚集于鄱阳湖，构成全球总数量之一大部。在中国东北可能有其繁殖。

010 小天鹅 *Cygnus columbianus*

雁形目 / ANSERIFORMES　鸭科 / Anatidae

识别特征　较高大（142 cm）的白色天鹅。外形与大天鹅相似，体型稍小，颈部和嘴略短。最重要的鉴别特征是本种的嘴基部黄色仅限于嘴基两侧，沿嘴缘不向前延伸到鼻孔之下。叫声似大天鹅但音量较大。群鸟合唱声如鹤，为悠远的klah声。

生活习性　如其他天鹅，结群飞行时呈“V”字形。

地理分布　北欧及亚洲北部，在欧洲、中亚、中国及日本越冬。亚种jankowskii繁殖于西伯利亚苔原带，冬季旅经中国东北部至长江流域的湖泊越冬，虽罕见但数量比大天鹅为多。

011 大天鹅 *Cygnus cygnus*

雁形目 / ANSERIFORMES **鸭科** / Anatidae

识别特征 体型高大（155 cm）的白色天鹅。嘴黑，嘴基有大片黄色。黄色延至上喙侧缘成尖。游水时颈较疣鼻天鹅为直。亚成体羽色较疣鼻天鹅更为单调，嘴色亦淡。比小天鹅大许多。虹膜褐色，嘴黑而基部为黄，脚黑色。叫声：飞行时叫声为独特的 klo-klo-klo 声，但联络叫声如响亮而忧郁的号角声。

生活习性 飞行时较疣鼻天鹅静声得多。

地理分布 格陵兰、北欧、亚洲北部，越冬在中欧、中亚及中国。繁殖于北方湖泊的苇地，结群南迁越冬。数量比小天鹅少。

012 翘鼻麻鸭 *Tadorna tadorna*

雁形目 / ANSERIFORMES　鸭科 / Anatidae

识别特征　体大（60 cm）而具醒目色彩的黑白色鸭。绿黑色光亮的头部与鲜红色的嘴及额基部隆起的皮质肉瘤对比强烈。胸部有一栗色横带。雌鸟似雄鸟，但色较暗淡，嘴基肉瘤形小或阙如。亚成体褐色斑驳，嘴暗红，脸侧有白色斑块。虹膜浅褐色，嘴红色，脚红色。叫声：春季多鸣叫。雄鸟发出低哨音，雌鸟发出 gag-ag-ag-ag-ag 叫声。

生活习性　营巢于咸水湖泊的湖岸洞穴，极少于淡水湖泊。

地理分布　由西欧至东亚，越冬区至北非、印度及中国南方。繁殖于中国北方，迁至中国东南部越冬，较常见。

013 赤麻鸭 *Tadorna ferruginea*

雁形目 / ANSERIFORMES　鸭科 / Anatidae

识别特征　体大（63 cm）橙栗色鸭类。头皮黄。外形似雁。雄鸟夏季有狭窄的黑色领圈。飞行时白色的翅上覆羽及铜绿色翼镜明显可见。嘴和腿黑色。虹膜褐色，嘴近黑色，脚黑色。叫声：声似 aakh 的啭音低鸣，有时为重复的 pok-pok-pok-pok。雌鸟叫声较雄鸟更为深沉。

生活习性　筑巢于近溪流、湖泊的洞穴。多见于内地湖泊及河流。极少到沿海。

地理分布　东南欧及亚洲中部，越冬于印度和中国南方。耐寒，广泛繁殖于中国东北和西北，至青藏高原海拔 4 600 m，迁至中国中部和南部越冬。

014 鸳鸯 *Aix galericulata*

雁形目 / ANSERIFORMES 鸭科 / Anatidae

识别特征 体小（40 cm）而色彩艳丽的鸭类。雄鸟有醒目的白色眉纹、金色颈、背部长羽以及拢翼后可直立的独特的棕黄色炫耀性“帆状饰羽”。雌鸟不甚艳丽，亮灰色体羽及雅致的白色眼圈及眼后线。雄鸟的非婚羽似雌鸟，但嘴为红色。虹膜褐色；嘴，雄鸟红色，雌鸟灰色；脚近黄色。叫声：常寂静无声。雄鸟飞行时发出声如 hwick 的短哨音。雌鸟发出低咯声。

生活习性 营巢于树上洞穴或河岸，活动于多林木的溪流。

地理分布 中国东部及日本。引种其他地区。全球性近危（Collar et al., 1994）。繁殖于中国东北但冬季迁至中国南方。记录广泛但种群数量普遍稀少。常被捉来笼养。

015 赤膀鸭 *Mareca strepera*

雁形目 / ANSERIFORMES　鸭科 / Anatidae

识别特征　雄鸟：中等体型（50 cm）的灰色鸭。嘴黑，头棕，尾黑，次级飞羽具白斑及腿橘黄为其主要特征。比绿头鸭稍小，嘴稍细。雌鸟：似雌绿头鸭但头较扁，嘴侧橘黄，腹部及次级飞羽白色。虹膜褐色；嘴，繁殖期雄鸟灰色，其他时候橘黄色但中部灰色；脚橘黄色。叫声：除求偶期都不出声。雄鸟发出短 nheck 声及低哨音，雌鸟重复发出比绿头鸭声高的 gag-ag-ag-ag-ag 声。

生活习性　栖于开阔的淡水湖泊及沼泽地带，极少出现于沿海港湾。

地理分布　全北界至地中海、北非、印度北部至中国南部及日本南部。温带地区繁殖，南方越冬。非常见的季节性候鸟。指名亚种繁殖于中国东北及新疆西部。有记录迁徙时见于中国北方，越冬于中国长江以南大部分地区及西藏南部。

016 罗纹鸭 *Mareca falcata*

雁形目 / ANSERIFORMES　鸭科 / Anatidae

识别特征　雄鸟体大（50 cm），头顶栗色，头侧绿色闪光的冠羽延垂至颈项，黑白色的三级飞羽长而弯曲。喉及嘴基部白色，使其区别于体型甚小的绿翅鸭。雌鸟暗褐色杂深色。似雌性赤膀鸭但嘴及腿暗灰色，头及颈色浅，两胁略带扇贝形纹，尾上覆羽两侧具皮草黄色线条；有铜棕色翼镜。虹膜褐色，嘴黑色，脚暗灰色。叫声：相当寂静。繁殖季节，雄鸟发出低哨音，接着是 uit-trr 颤音。雌鸟以粗哑的呱呱声作答。

生活习性　喜结大群，停栖水上，常与其他种类混合。

地理分布　繁殖于东北亚，迁徙至华东及华南。繁殖于中国东北湖泊及湿地，冬季飞经中国大部分地区包括云南西北部。

017 赤颈鸭 *Mareca penelope*

雁形目 / ANSERIFORMES　鸭科 / Anatidae

识别特征　中等体型（47 cm）的大头鸭。雄鸟特征为头栗色而带皮黄色冠羽。体羽余部多灰色，两胁有白斑，腹白，尾下覆羽黑色。飞行时白色翅羽与深色飞羽及绿色翼镜成对照。雌鸟通体棕褐色或灰褐色，腹白。飞行时浅灰色的翅覆羽与深色的飞羽成对照。下翼灰色，较葡萄胸鸭色深。虹膜棕色，嘴蓝绿色，脚灰色。叫声：雄鸟发出悦耳哨笛声 whee-oo，雌鸟为短急的鸭叫。

生活习性　与其他水鸟混群于湖泊、沼泽及河口地带。

地理分布　古北界，南方越冬。繁殖于中国东北甚或西北。冬季迁至中国北纬 35° 以南包括台湾及海南的广大地区。地方性常见。

018 绿头鸭 *Anas platyrhynchos*

雁形目 / ANSERIFORMES　鸭科 / Anatidae

识别特征　中等体型（58 cm），为家鸭的野型。雄鸟头及颈深绿色带光泽，白色颈环使头与栗色胸隔开。雌鸟褐色斑驳，有深色的贯眼纹。较雌针尾鸭尾短而钝，较雌赤膀鸭体大且翼上图纹不同。虹膜褐色，嘴黄色，脚橘黄色。叫声：雄鸟为轻柔的 kreep 声，雌鸟似家鸭那种 quack quack quack 的熟悉叫声。

生活习性　多见于湖泊、池塘及河口。

地理分布　全北区，南方越冬。繁殖于中国西北和东北。越冬于西藏西南及北纬 40° 以南的华中、华南广大地区，包括台湾。地区性常见鸟。

019 斑嘴鸭 *Anas zonorhyncha*

雁形目 / ANSERIFORMES　鸭科 / Anatidae

识别特征　体大（60 cm）的深褐色鸭。头色浅，顶及眼线色深，嘴黑而嘴端黄且于繁殖期黄色嘴端顶尖有一黑点为本种特征。喉及颊皮黄。亚种 zonorhyncha 有过颊的深色纹，体羽更黑。深色羽带浅色羽缘使全身体羽呈浓密扇贝形。翼镜在 zonorhyncha 亚种为金属蓝色，在 haringtoni 亚种为金属绿紫色，后缘多有白带。白色的三级飞羽停栖时有时可见，飞行时甚明显。两性同色，但雌鸟较暗淡。虹膜褐色，嘴黑色而端黄，脚珊瑚红色。叫声：雌鸟叫声似家鸭，音往往连续下降。雄鸟发出粗声的 kreep。

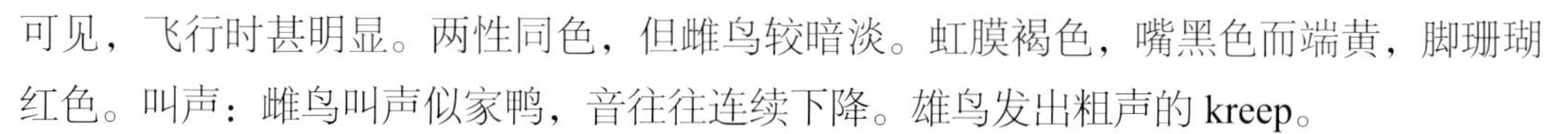

生活习性　栖于湖泊、河流及沿海红树林和潟湖。

地理分布　印度、缅甸、东北亚及中国。亚种 zonorhyncha 繁殖于中国东部，冬季迁至长江以南。亚种 haringtoni 为留鸟，见于云南的南部及西南部、广东及香港。广泛分布，相当常见。

020 针尾鸭 *Anas acuta*

雁形目 / ANSERIFORMES　鸭科 / Anatidae

识别特征　中等体型（55 cm）的鸭。尾长而尖。雄鸟头棕，喉白，两肋有灰色扇贝形纹，尾黑，中央尾羽特长延，两翼灰色具绿铜色翼镜，下体白色。雌鸟暗淡褐色，上体多黑斑；下体皮黄，胸部具黑点；两翼灰，翼镜褐；嘴及脚灰色。与其他雌鸭区别于体型较优雅，头淡褐，尾形尖。虹膜褐色，嘴蓝灰，脚灰色。叫声：甚安静。雌鸟发出低喉音的 kwuk-kwuk 声。

生活习性　喜沼泽、湖泊、大河流及沿海地带。常在水面取食，有时探入浅水。

地理分布　繁殖于全北界，南方越冬。新疆西北部及西藏南部有繁殖记录。冬季迁至中国北纬 30° 以南包括台湾的大部地区。

021 绿翅鸭 *Anas crecca*

雁形目 / ANSERIFORMES　鸭科 / Anatidae

识别特征　体小（37 cm）、飞行快速的鸭类。绿色翼镜在飞行时显而易见。雄鸟有明显的金属亮绿色带皮黄色边缘的贯眼纹横贯栗色的头部，肩羽上有一道长长的白色条纹，深色的尾下羽外缘具皮黄色斑块；其余体羽多灰色。雌鸟褐色斑驳，腹部色淡。与雌白眉鸭区别为翼镜亮绿色，前翼色深，头部色淡。美洲亚种 carolinensis 胸部有白色纵纹但翼上无白色条纹。虹膜褐色，嘴灰色，脚灰色。叫声：雄鸟叫声为似 kirrik 的金属声，雌鸟叫声为细高的短 quack 声。

生活习性　成对或成群栖于湖泊或池塘，常与其他水禽混杂。飞行时振翼极快。

地理分布　繁殖于整个古北界，南方越冬。指名亚种繁殖于东北各省及新疆西北部的天山。冬季迁至中国北纬 40° 以南的大多数非荒漠地区。地区性常见鸟。美洲亚种 carolinensis 在日本有过记录，其他地方也可能出现。

022 琵嘴鸭 *Spatula clypeata*

雁形目 / ANSERIFORMES　鸭科 / Anatidae

识别特征　体大（50 cm）而易识别，嘴特长，末端呈匙形。雄鸟腹部栗色，胸白，头深绿色而具光泽。雌鸟褐色斑驳，尾近白色，贯眼纹深色。色彩似雌绿头鸭但嘴形清晰可辨。飞行时浅灰蓝色的翼上覆羽与深色飞羽及绿色翼镜成对比。虹膜褐色；嘴，繁殖期雄鸟近黑色，雌鸟橘黄褐色；脚橘黄色。叫声：似绿头鸭但声音轻而低，也作quack的鸭叫声。

生活习性　喜沿海的潟湖、池塘、湖泊及红树林沼泽。

地理分布　繁殖于全北界，南方越冬。繁殖于中国东北及西北，冬季迁至中国北纬35°以南包括台湾的大部分地区。地方性常见。

023 白眉鸭 *Spatula querquedula*

雁形目 / ANSERIFORMES　鸭科 / Anatidae

识别特征　中等体型（40 cm）的戏水型鸭。雄鸟头巧克力色，具宽阔的白色眉纹。胸、背棕而腹白。肩羽形长，黑白色。翼镜为闪亮绿色带白色边缘。雌鸟褐色的头部图纹显著，腹白，翼镜暗橄榄色带白色羽缘。繁殖期过后雄鸟似雌鸟，仅飞行时羽色图案有别。飞行雄鸟蓝灰色翅上覆羽是其特征。虹膜榛栗色，嘴黑色，脚蓝灰色。叫声：通常少叫。雄鸭发出呱呱叫声似拨浪鼓。雌鸟发出轻 kwak 声。

生活习性　冬季常结大群。时常见于沿海潟湖。白天栖于水上，夜晚进食。

地理分布　繁殖于全北界，南方越冬。繁殖于中国东北、西北。冬季南迁至北纬35° 以南包括台湾及海南的大部分地区。并不常见。

024 花脸鸭 *Sibirionetta formosa*

雁形目 / ANSERIFORMES　鸭科 / Anatidae

识别特征　雄鸟：中等体型（42 cm），头顶色深，纹理分明的亮绿色脸部具特征性黄色月牙形斑块。多斑点的胸部染棕色，两胁具鳞状纹似绿翅鸭。肩羽形长，中心黑而上缘白。翼镜铜绿色，臀部黑色。雌鸟：似白眉鸭及绿翅鸭，但体略大且嘴基有白点；脸侧有白色月牙形斑块。虹膜褐色，嘴灰色，脚灰色。叫声：雄鸟春季发出深沉的 wot-wot-wot 似笑叫声，雌鸟发出呱呱的低叫声。

生活习性　喜结大群并常与其他种混群。取食于水面及稻田。栖于湖泊、河口地带。

地理分布　繁殖于东北亚，越冬于中国、朝鲜及日本。全球性易危（Collar et al., 1994）。繁殖于中国东北的小型湖泊。在华中和华南的一些地区越冬。此鸟的种群数量在近 20 年急剧下降。

025 红头潜鸭 *Aythya ferina*

雁形目 / ANSERIFORMES　鸭科 / Anatidae

识别特征　中等体型（46 cm）、外观漂亮的鸭类。栗红色的头部与亮灰色的嘴和黑色的胸部及上背成对比。腰黑色但背及两胁显灰色。近看为白色带黑色蠕虫状细纹。飞行时翼上的灰色条带与其余较深色部位对比不明显。雌鸟背灰色，头、胸及尾近褐色，眼周皮黄色。虹膜，雄鸟红而雌鸟褐；嘴灰色而端黑；脚灰色。叫声：雄鸟发出喘息似的二哨音，雌鸟受惊时发出粗哑的 krrr 大叫。

生活习性　栖于有茂密水生植被的池塘及湖泊。

地理分布　西欧至中亚，越冬于北非、印度及中国南部。繁殖于中国西北，冬季迁至华东及华南。

026 青头潜鸭 *Aythya baeri*

雁形目 / ANSERIFORMES　鸭科 / Anatidae

识别特征　适中（45 cm）的近黑色潜鸭。胸深褐，腹部及两肋白色；翼下羽及二级飞羽白色，飞行时可见黑色翼缘。繁殖期雄鸟头亮绿色。与雄性凤头潜鸭区别在于头部无冠羽，体型较小，两侧白色块线条不够整齐，尾下羽白色（注：凤头潜鸭尾下羽偶尔也为白色）。与白眼潜鸭区别在于棕色多些，赤褐色少些，腹部白色延及体侧。虹膜，雄鸟白色，雌鸟褐色；嘴蓝灰；脚灰色。叫声：雄雌两性求偶期均有粗哑的 graaaak 叫声，其余时节相当安静。

生活习性　怯生，成对活动。与其他鸭混合。栖于池塘、湖泊及缓水。

地理分布　西伯利亚及中国东北。在东南亚越冬。全球性易危（Collar et al., 1994）。在中国过去常见，现在为罕见季节性候鸟。在中国东北繁殖；迁徙时见于中国东部，越冬于华南大部地区。

027 白眼潜鸭 *Aythya nyroca*

雁形目 / ANSERIFORMES 鸭科 / Anatidae

识别特征 等体型（41 cm）的全深色型鸭。仅眼及尾下羽白色。雄鸟头、颈、胸及两胁浓栗色，眼白色；雌鸟暗烟褐色，眼色淡。侧看头部羽冠高耸。飞行时，飞羽为白色带狭窄黑色后缘。雄雌两性与雌凤头潜鸭区别在于白色尾下覆羽（有时也见于雌凤头潜鸭），头形有异，缺少头顶冠羽，嘴上无黑色次端带。与青头潜鸭区别在两胁少白色。虹膜，雄鸟白色，雌鸟褐色；嘴蓝灰色，脚灰色。叫声：雄鸟求偶期发出 wheeoo 哨音，雌鸟发出粗哑的 gaaa 声，其余时候少叫。

生活习性 栖居于沼泽及淡水湖泊。冬季也活动于河口及沿海潟湖。怯生谨慎，成对或成小群。

地理分布 古北区。越冬于非洲、中东、印度及东南亚。全球性易危（Collar et al., 1994）。在中国为地方性常见至罕见。繁殖在新疆西部、内蒙古的乌梁素海、新疆南部零散湖泊，也可能于中国西部的一些地方。越冬于长江中游地区、云南西北部，迁徙时见于其他地区。迷鸟可至河北及山东。

028 凤头潜鸭 *Aythya fuligula*

雁形目 / ANSERIFORMES 鸭科 / Anatidae

识别特征 中等体型（42 cm）、矮扁结实的鸭。头带特长羽冠。雄鸟黑色，腹部及体侧白色。雌鸟深褐色，两胁褐色而羽冠短。飞行时二级飞羽呈白色带状。尾下羽偶为白色。雌鸟有浅色脸颊斑。雏鸟似雌鸟但眼为褐色。头形较白眼潜鸭顶部平而眉突出。虹膜黄色，嘴及脚灰色。叫声：冬季常少声，飞行时发出沙哑、低沉的kur-r-r、kur-r-r叫声。

生活习性 常见于湖泊及深池塘，潜水找食。飞行迅速。

地理分布 繁殖于整个北古北区，南方越冬。繁殖在中国东北，迁徙时经中国大部地区至华南包括台湾越冬。地方性常见。

029 鹊鸭 *Bucephala clangula*

雁形目 / ANSERIFORMES 鸭科 / Anatidae

识别特征 体型中等（48 cm）的深色潜鸭。头大而高耸，眼金色。繁殖期雄鸟胸腹白色，次级飞羽极白。嘴基部具大的白色圆形点斑；头余部黑色闪绿光。雌鸟烟灰色，具近白色扇贝形纹；头褐色，无白色点或紫色光泽；通常具狭窄白色前颈环。非繁殖期雄鸟似雌鸟，但近嘴基处点斑仍为浅色。虹膜黄色，嘴近黑，脚黄色。叫声：相当安静。飞行时振翼发出啸音。炫耀时雄鸟发出一系列怪啸音及粗喘息声，雌鸟作粗哑 graa 声；被赶时也发出此音。

生活习性 喜在湖泊、沿海水域结群形成大片，与其他种类偶有混群。潜水取食。游泳时尾上翘。有时栖于陆上。

地理分布 全北界。繁殖在亚洲北部，越冬于中国中部及东南部。罕见季节性旅鸟。繁殖于中国黑龙江北部及西北。有记录迁徙时见于中国北方，越冬广泛分布于中国南方包括台湾。

030 斑头秋沙鸭 *Mergellus albellus*

雁形目 / ANSERIFORMES　鸭科 / Anatidae

识别特征　雄性头、颈和下体白色，眼周、眼先、枕纹、上背、初级飞羽及胸侧的两条斜线黑色，对比鲜明，容易识别。雌性比雄性略大，从额到后颈栗褐色，下颌及前颈白色，上体黑褐色，与普通秋沙鸭的区别在于喉白色。

生活习性　栖息于湖泊、池塘、水库及河流等生境，营巢于林中、河边或湖边老龄树上的洞穴中，有时利用黑啄木鸟的旧洞。

地理分布　分布于欧洲北部及亚洲北部，越冬于印度北部、日本。在中国繁殖于大兴安岭，冬季南迁时经过全国大部分地区。

031 普通秋沙鸭 *Mergus merganser*

雁形目 / ANSERIFORMES　鸭科 / Anatidae

识别特征　体型略大（68 cm）的食鱼鸭。细长的嘴具钩。繁殖期雄鸟头及背部绿黑色，与光洁的乳白色胸部及下体成对比。飞行时翼白而外侧三极飞羽黑色。雌鸟及非繁殖期雄鸟上体深灰，下体浅灰，头棕褐色而颏白。体羽具蓬松的副羽，较中华秋沙鸭的短但比体型较小的厚。飞行时次级飞羽及覆羽全白，并无红胸秋沙鸭那种黑斑。虹膜褐色，嘴红色，脚红色。叫声：相当安静。雄鸟求偶时发出假嗓的 uig-a 叫声，雌鸟有几种粗哑叫声。

生活习性　喜结群活动于湖泊及湍急河流。潜水捕食鱼类。

地理分布　北半球。相当常见留鸟和季节性候鸟。指名亚种繁殖于中国西北及东北，冬季迁徙至中国黄河以南大部地区越冬。迷鸟至台湾。青藏高原湖泊中的亚种 comatus 为作垂直迁移的留鸟，一些个体在中国西南部越冬。

032 中华秋沙鸭 *Mergus squamatus*

雁形目 / ANSERIFORMES　鸭科 / Anatidae

识别特征　雄鸟：体大（58 cm）的绿黑色及白色鸭。长而窄近红色的嘴，其尖端具钩。黑色的头部具厚实的羽冠。两胁羽片白色而羽缘及羽轴黑色形成特征性鳞状纹。脚红色。胸白而别于红胸秋沙鸭，体侧具鳞状纹有异于普通秋沙鸭。雌鸟色暗而多灰色，与红胸秋沙鸭的区别在于体侧具同轴而灰色宽黑色窄的带状图案。虹膜褐色，嘴橘黄色，脚橘黄色。叫声：似红胸秋沙鸭。

生活习性　出没于湍急河流，有时在开阔湖泊。成对或以家庭为群。潜水捕食鱼类。

地理分布　繁殖在西伯利亚、朝鲜北部及中国东北；越冬于中国的华南及华中、日本及朝鲜；偶见于东南亚。全球性易危（Collar et al., 1994）。在中国数量稀少且仍在下降。繁殖在中国东北；迁徙经于东北的沿海，偶在华中、西南、华东、华南和台湾越冬。

Ⅲ 䴙䴘目 PODICIPEDIFORMES

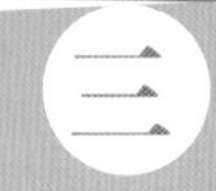

三 䴙䴘科 Podicipedidae

033 小䴙䴘 *Tachybaptus ruficollis*

䴙䴘目 / PODICIPEDIFORMES　䴙䴘科 / Podicipedidae

识别特征　体小（27 cm）而矮扁的深色䴙䴘。繁殖羽：喉及前颈偏红，头顶及颈背深灰褐色，上体褐色，下体偏灰，具明显黄色嘴斑。非繁殖羽：上体灰褐色，下体白色。虹膜黄色，嘴黑色，脚蓝灰色，趾尖浅色。叫声：重复的高音吱叫声 ke-ke-ke-ke，求偶期间相互追逐时常发此声。

生活习性　喜在清水及有丰富水生生物的湖泊、沼泽及涨过水的稻田。通常单独或成分散小群活动。繁殖期在水上相互追逐并发出叫声。

地理分布　非洲、欧亚大陆、东南亚。留鸟及部分候鸟，分布于中国各地包括台湾及海南岛。亚种 capensis 为留鸟见于中国西北部，philippensis 见于台湾，poggei 见于中国其余地方。偶尔上至海拔 2 000 m。

034 凤头 *Podiceps cristatus*

䴙䴘目 / PODICIPEDIFORMES　䴙䴘科 / Podicipedidae

识别特征　体大（50 cm）而外形优雅的䴙䴘。颈修长，具显著的深色羽冠，下体近白色，上体纯灰褐色。繁殖期成鸟颈背栗色，颈具鬃毛状饰羽。与赤颈䴙䴘的区别在于脸侧白色延伸过眼，嘴形长。虹膜近红；嘴黄色，下颚基部带红色，嘴峰近黑；脚近黑。叫声：成鸟发出深沉而洪亮的叫声。雏鸟乞食时发出笛声 ping-ping。

生活习性　繁殖期成对作精湛的求偶炫耀，两相对视，身体高高挺起并同时点头，有时嘴上还衔着植物。

地理分布　古北界、非洲、印度、澳大利亚及新西兰。指名亚种为地区性常见鸟，广布于较大湖泊。

Ⅳ 鸽形目 COLUMBIFORMES

四 鸠鸽科 Columbidae

035 岩鸽 *Columba rupestris*

鸽形目 / COLUMBIFORMES 鸠鸽科 / Columbidae

识别特征 中等体型（31 cm）的灰色鸽。翼上具两道黑色横斑。非常似原鸽，但腹部及背色较浅，尾上有宽阔的偏白色次端带，灰色的尾基、浅色的背部与尾上的白色横带成明显对比。虹膜浅褐色；嘴黑色，蜡膜肉色；脚红色。叫声：反复的咯咯声如人在打嗝。起飞和着陆时发出高调的咕咕颤音。

生活习性 群栖多峭壁崖洞的岩崖地带。

地理分布 喜马拉雅山脉、中亚至中国的东北。常见留鸟及季候鸟，分布可至海拔 6 000 m。亚种 turkestanica 为新疆西部及西藏的留鸟。指名亚种繁殖遍及华北及华中的其余地区至东北各地。

036 山斑鸠 *Streptopelia orientalis*

鸽形目 / COLUMBIFORMES　鸠鸽科 / Columbidae

识别特征　中等体型（32 cm）的偏粉色斑鸠。与珠颈斑鸠区别在于颈侧有带明显黑白色条纹的块状斑。上体的深色扇贝斑纹体羽羽缘棕色，腰灰，尾羽近黑，尾梢浅灰。下体多偏粉色。与灰斑鸠区别在于体型较大。虹膜黄色，嘴灰色，脚粉红色。叫声：为悦耳的 kroo kroo-kroo kroo 声。

生活习性　成对活动，多在开阔农耕区、村庄及寺院周围，取食于地面。

地理分布　喜马拉雅山脉、印度、日本、中国。北方鸟南下越冬。常见且分布广泛。亚种 meena 在中国西部及西北部为留鸟；指名亚种为西藏南部至中国东北部大多数地区的留鸟或夏季繁殖鸟；orii 为台湾的留鸟；Agricola 见于云南南部及西南部。春季成大群途经中国南部。于喜马拉雅山脉分布至高海拔。

037 灰斑鸠 *Streptopelia decaocto*

鸽形目 / COLUMBIFORMES 鸠鸽科 / Columbidae

识别特征 中等体型（32 cm）的褐灰色斑鸠。明显特征为后颈具黑白色半领圈。较山斑鸠以及体型小得多的粉色火斑鸠，其色浅而多灰。虹膜褐色，嘴灰色，脚粉红色。叫声：响亮的三音节 coo-cooh-coo 声，重音在第二音节。

生活习性 相当温顺。栖于农田及村庄。停栖于房子、电杆及电线上。

地理分布 欧洲至土耳其斯坦、缅甸及中国。相当常见，尤其在分布区北部。亚种 stoliczkae 见于新疆喀什及天山地区；指名亚种由华北、四川至印度；xanthocyclus 为偶然迷鸟出现在安徽、福建及云南。

038 火斑鸠 *Streptopelia tranquebarica*

鸽形目 / COLUMBIFORMES　鸠鸽科 / Columbidae

识别特征　体小（23 cm）的酒红色斑鸠。特征为颈部的黑色半领圈前端白色。雄鸟头部偏灰，下体偏粉，翼覆羽棕黄。初级飞羽近黑，青灰色的尾羽羽缘及外侧尾端白色。雌鸟色较浅且暗，头暗棕色，体羽红色较少。虹膜褐色，嘴灰色，脚红色。叫声：为深沉的 cru-u-u-u-u 声，重复数次，重音在第一音节。

生活习性　在地面急切地边走边找食物。

地理分布　喜马拉雅山脉、印度、中国至菲律宾。为华南、华东的开阔林地和较干旱的沿海林地与次生植被条件下的留鸟，并越青藏高原南部及东部至华北、华中、华东及华南的大多数地区。北方种群于南方越冬。

039 珠颈斑鸠 *Spilopelia chinensis*

鸽形目 / COLUMBIFORMES 鸠鸽科 / Columbidae

识别特征 人们所熟悉的中等体型（30 cm）的粉褐色斑鸠。尾略显长，外侧尾羽前端的白色甚宽，飞羽较体羽色深。明显特征为颈侧满是白点的黑色块斑。虹膜橘黄色，嘴黑色，脚红色。叫声：轻柔悦耳的 ter-kuk-kurr 反复重复，最后一音为加重。

生活习性 珠颈斑鸠与人类共生，栖于村庄周围及稻田，地面取食，常成对立于开阔路面。受干扰后缓缓振翅，贴地而飞。

地理分布 常见并广布于东南亚；经小巽他群岛引种其他各地远及澳大利亚。常见留鸟，见于华中、西南、华南及华东各地开阔的低地及村庄。亚种 tigrina 见于云南西南部的怒江以西；vacillans 见于云南其余地区及四川南部；hainana 见于海南岛；formosana 见于台湾地区；指名亚种见于其分布区域内的其他地区。

V 夜鹰目 CAPRIMULGIFORMES

五 夜鹰科 Caprimulgidae

040 普通夜鹰 *Caprimulgus jotaka*

夜鹰目 / CAPRIMULGIFORMES　夜鹰科 / Caprimulgidae

识别特征　中等体型（28 cm）的偏灰色夜鹰。雄鸟：缺少长尾夜鹰的锈色颈圈；外侧四对尾羽具白色斑纹。雌鸟似雄鸟，但白色块斑呈皮黄色。虹膜褐色，嘴偏黑，脚巧克力色。叫声：生硬、尖厉而高速重复的 chuck 声，以每秒约 6 次为稳定频率，以 chrrrr 声结尾。越冬鸟几乎不叫。

生活习性　喜开阔的山区森林及灌丛。典型的夜鹰式飞行，白天栖于地面或横枝。

地理分布　印度次大陆、中国、东南亚；南迁至印度尼西亚及新几内亚。亚种 jotaka 繁殖于华东和华南的绝大多数地区，南迁越冬；迁徙时见于海南；亚种 hazarae 为西藏东南部的留鸟，分布至海拔 3 300 m。

六　雨燕科 Apodidae

041　白喉针尾雨燕 *Hirundapus caudacutus*

夜鹰目 / CAPRIMULGIFORMES　雨燕科 / Apodidae

识别特征　体大（20 cm）的偏黑色雨燕。颏及喉白色，尾下覆羽白色，三级飞羽具小块白色；背褐，上具银白色马鞍形斑块。与其他针尾雨燕区别在于喉白。虹膜深褐色，嘴黑色，脚黑色。叫声：相互追逐时发出高音调的颤音。

生活习性　似其他针尾雨燕。快速飞越森林及山脊。有时低飞于水上取食。

地理分布　繁殖于亚洲北部至喜马拉雅山脉；冬季南迁至澳大利亚及新西兰。亚种 nudipes 繁殖于青海南部、西藏东南部及东部、四川以及云南的北部和西部；指名亚种繁殖于中国东北，有记录迁徙时见于华东、华南及海南岛；formosana 为台湾留鸟。

042 普通雨燕 *Apus apus*

夜鹰目 / CAPRIMULGIFORMES　雨燕科 / Apodidae

识别特征　额和喉部沾淡灰色，头和上体黑褐色。胸有灰色细横带。翅镰刀形，尾分叉。

生活习性　栖息于高大建筑的屋檐下，在空旷空中飞行捕食。飞行姿势多变，速度快。

地理分布　共2个亚种，在欧亚大陆繁殖，在非洲越冬。国内有1个亚种，北京亚种 pekinensis 见于东北、华北、华中、西北、四川。

043 白腰雨燕 *Apus pacificus*

夜鹰目 / CAPRIMULGIFORMES　雨燕科 / Apodidae

识别特征　体型略大（18 cm）的污褐色雨燕。尾长而尾叉深，颏偏白，腰上有白斑。与小白腰雨燕区别在于体大而色淡，喉色较深，腰部白色马鞍形斑较窄，体型较细长，尾叉开。虹膜深褐色，嘴黑色，脚偏紫色。叫声：嗡嗡地叫或叽叽喳喳，并有长长的高音尖叫 skree-ee-ee。

生活习性　成群活动于开阔地区，常常与其他雨燕混合。飞行比针尾雨燕速度慢，进食时做不规则的振翅和转弯。

地理分布　繁殖于西伯利亚及东亚，迁移经东南亚至印度尼西亚、新几内亚及澳大利亚越冬。常见的夏季繁殖鸟。指名亚种繁殖于中国东北、华北、华东、西藏东部及青海；有记录迁徙时见于中国南部、台湾、海南岛及新疆西北部。亚种 kanoi 繁殖于华中、西南、华南、东南及台湾。

VI 鹃形目 CUCULIFORMES

七 杜鹃科 Cuculidae

044 褐翅鸦鹃 *Centropus sinensis*

鹃形目 / CUCULIFORMES　杜鹃科 / Cuculidae

识别特征　体大（52 cm）而尾长的鸦鹃。体羽全黑，仅上背、翼及翼覆羽为纯栗红色。虹膜红色，嘴黑色，脚黑色。叫声：一连串深沉的 boop 声，开始时慢，渐升速而降调，复又音调上升，速度下降至一长连串音高相等的或缩短的四声 boop 叫声。又作突然的 plunk 声。

生活习性　喜林缘地带、次生灌木丛、多芦苇河岸及红树林。常下至地面，但也在小灌丛及树间跳动。比小鸦鹃更喜较厚植被。

地理分布　印度、中国、东南亚。中国南方的常见留鸟，上至海拔 800 m。亚种 intermedius 见于海南岛及云南南部及西部；sinensis 见于云南东部至福建。

045 小鸦鹃 *Centropus bengalensis*

鹃形目 / CUCULIFORMES 杜鹃科 / Cuculidae

识别特征 体略大（42 cm）的棕色和黑色鸦鹃。尾长，似褐翅鸦鹃但体型较小，色彩暗淡，色泽显污浊。上背及两翼的栗色较浅且现黑色。亚成鸟具褐色条纹。中间色型的体羽常见。虹膜红色，嘴黑色，脚黑色。叫声：几声深沉空洞的 hoop 声，速度上升，音高下降，如倒瓶中水；较褐翅鸦鹃叫声速度快。第二种叫声为三个 hup 声变成一连串的 logokok、logokok、logokok 声。

生活习性 喜山边灌木丛、沼泽地带及开阔的草地包括高草。常栖地面，有时作短距离的飞行，由植被上掠过。

地理分布 印度、中国、东南亚。亚种 lignator 为中国北纬 27° 以南及安徽、台湾及海南岛的常见留鸟，分布至海拔 1 000 m。

046 红翅凤头鹃 *Clamator coromandus*

鹃形目 / CUCULIFORMES 杜鹃科 / Cuculidae

识别特征 体大（45 cm）的黑白色及棕色杜鹃。尾长，具显眼的直立凤头。顶冠及凤头黑色，背及尾黑色而带蓝色光泽，翼栗色，喉及胸橙褐色，颈圈白色，腹部近白。亚成鸟：上体具棕色鳞状纹；喉及胸偏白。虹膜红褐色，嘴黑色，脚黑色。叫声：响亮而粗哑刺耳的 chee-ke、kek 声及一种呼啸声。

生活习性 似地鹃，攀行于低矮植被丛中捕食昆虫。振翅与飞行时凤头收拢。

地理分布 繁殖于印度、中国南部及东南亚，迁徙至菲律宾及印度尼西亚。于华东、华中、西南、华南、东南、西藏东南及海南岛海拔 1 500 m 以下适宜环境中偶见繁殖鸟。

047 噪鹃 *Eudynamys scolopaceus*

鹃形目 / CUCULIFORMES 杜鹃科 / Cuculidae

识别特征 体大（42 cm）的杜鹃。全身黑色（雄鸟）或白色杂灰褐色（雌鸟），嘴绿色。

虹膜红色，嘴浅绿色，脚蓝灰色。叫声：日夜发出嘹亮的 kow-wow 声，重音在第二音节，重复多达 12 次，音速、音高渐增。也有更尖声刺耳、速度更快的 kuil、kuil、kuil、kuil 声。

生活习性 昼夜不停的响亮叫声吸引着观鸟者，但几乎无人见过此鸟，因其极隐蔽，常躲在稠密的红树林、次生林、森林、园林及人工林中。借乌鸦、卷尾及黄鹂的巢产卵。

地理分布 印度、中国、东南亚。亚种 chinensis 为中国北纬 35° 以南大多数地区夏季繁殖鸟；Harterti 为海南岛的留鸟。

048 大鹰鹃 *Hierococcyx sparverioides*

鹃形目 / CUCULIFORMES　杜鹃科 / Cuculidae

识别特征　略显型大（40 cm）的灰褐色鹰样杜鹃。尾部次端斑棕红色，尾端白色；胸棕色，具白色及灰色斑纹；腹部具白色及褐色横斑而染棕；颏黑色。亚成鸟：上体褐色带棕色横斑；下体皮黄而具近黑色纵纹。与鹰类的区别在于其姿态及嘴形。虹膜橘黄色；嘴，上嘴黑色，下嘴黄绿色；脚浅黄色。叫声：繁殖季节发出 pi-peea 或 brain、fever 的叫声，速度及音调不断增高至狂暴高潮。

生活习性　喜开阔林地，高至海拔 1 600 m。典型的隐于树冠的杜鹃。

地理分布　为喜马拉雅山脉、中国南部、菲律宾及苏门答腊的留鸟。冬季见于苏拉威西及爪哇。指名亚种为中国西藏南部、华中、华东、东南及西南和海南岛的不常见夏季繁殖鸟；一些为云南南部及海南岛的留鸟。偶见于台湾及河北。

049 小杜鹃 *Cuculus poliocephalus*

鹃形目 / CUCULIFORMES 杜鹃科 / Cuculidae

识别特征 体小（26 cm）的灰色杜鹃。腹部具横斑。上体灰色，头、颈及上胸浅灰色。下胸及下体余部白色，具清晰的黑色横斑，臀部沾皮黄色。尾灰，无横斑但端具白色窄边。雌鸟似雄鸟，但也具棕红色变型，全身具黑色条纹。眼圈黄色。似大杜鹃但体型较小，以叫声最易区分。虹膜褐色；嘴黄色，端黑；脚黄色。叫声：哨音的叠叫，声如“that's your choky pepper”，重音在 choky 上，上调，稍停后接下调的 choky pepper。

生活习性 似大杜鹃。栖于多森林覆盖的乡野。

地理分布 喜马拉雅山脉至印度、中国中部及日本；越冬在非洲、印度南部及缅甸。不常见。指名亚种繁殖于吉林南部、辽宁及河北至四川、西藏南部、云南、广西、海南岛及东部省份。迁徙经过中国东南部包括海南及台湾。在喜马拉雅山脉见于海拔 1 500 ～ 3 000 m，在北方见于海拔较低的地区。

050 四声杜鹃 *Cuculus micropterus*

鹃形目 / CUCULIFORMES　杜鹃科 / Cuculidae

识别特征　中等体型（30 cm）的偏灰色杜鹃。似大杜鹃，区别在于尾灰并具黑色次端斑，且虹膜较暗，灰色头部与深灰色的背部成对比。雌鸟较雄鸟多褐色。亚成鸟头及上背具偏白的皮黄色鳞状斑纹。虹膜红褐色；眼圈黄色；嘴，上嘴黑色，下嘴偏绿；脚黄色。叫声：响亮清晰的四声哨音“one more bottle”，不断重复，第四声较低，常在晚上叫。

生活习性　通常栖于森林及次生林上层。常只闻其声不见其鸟。

地理分布　东亚、东南亚、苏门答腊附近岛屿及爪哇西部。指名亚种为海拔 1 000 m 以下低地林的常见夏季繁殖鸟。见于中国东北至西南及东南。在海南岛为留鸟。

051 东方中杜鹃 *Cuculus optatus*

鹃形目 / CUCULIFORMES 杜鹃科 / Cuculidae

识别特征 体型与中杜鹃相似，但比其大。眼圈黄色，腿黄色；上体灰色，下体具横斑粗，腹部沾棕白色；尾部无斑。雌鸟棕色型的腰部也具横斑，与大杜鹃相区别。

生活习性 栖息于山地林区，特别是针叶林和混交林。

地理分布 分布于俄罗斯、蒙古、东亚、东南亚和澳大利亚。国内见于东北、华北、华东、华中、华南地区及广西、陕西南部、新疆东北部。

052 大杜鹃 *Cuculus canorus*

鹃形目 / CUCULIFORMES　杜鹃科 / Cuculidae

识别特征　中等体型（32 cm）的杜鹃。上体灰色，尾偏黑色，腹部近白而具黑色横斑。“棕红色”变异型雌鸟为棕色，背部具黑色横斑。与四声杜鹃区别在于虹膜黄色，尾上无次端斑，与雌中杜鹃区别在于腰无横斑。幼鸟枕部有白色块斑。虹膜及眼圈黄色；嘴上为深色，下为黄色；脚黄色。叫声：响亮清晰的标准型 kuk-oo 声，通常只在繁殖地才能听到。

生活习性　喜开阔的有林地带及大片芦苇地，有时停在电线上找寻大苇莺的巢。

地理分布　繁殖于欧亚大陆，迁徙至非洲及东南亚。常见，夏季繁殖于中国大部分地区。亚种 subtelephonus 见于新疆至内蒙古中部；指名亚种见于新疆北部阿尔泰山、东北、陕西及河北；fallax 见于华东及东南，bakeri 见于青海、四川至西藏南部及云南。

Ⅶ 鹤形目 GRUIFORMES

八 秧鸡科 Rallidae

053 普通秧鸡 *Rallus indicus*

鹤形目 / GRUIFORMES 秧鸡科 / Rallidae

识别特征 中等体型（29 cm）的暗褐色秧鸡。上体多纵纹，头顶褐色，脸灰，眉纹浅灰而眼线深灰。颏白，颈及胸灰色，两胁具黑白色横斑。亚成鸟翼上覆羽具不明晰的白斑。虹膜红色，嘴红色至黑色，脚红色。叫声：轻柔的 chip、chip、chip 叫声、怪异的猪样嗷叫及尖叫声。

生活习性 性羞怯。栖于水边植被茂密处、沼泽及红树林。

地理分布 古北界，迁徙至东南亚。于分布区甚常见。亚种 korejewi 于中国西北、华北及四川；indicus 繁殖于中国东北，南迁至中国东南及台湾越冬。

054 红脚田鸡 *Zapornia akool*

鹤形目 / GRUIFORMES　秧鸡科 / Rallidae

识别特征　中等体型（28 cm），色暗而腿红。上体全橄榄褐色，脸及胸青灰色，腹部及尾下褐色。幼鸟灰色较少。体羽无横斑。飞行无力，腿下悬。虹膜红色，嘴黄绿色，脚洋红色。叫声：拖长颤哨音，降调。

生活习性　性羞怯，多在黄昏活动。尾不停地抽动。

地理分布　印度次大陆至中国及中南半岛东北部。繁殖在多芦苇或多草的沼泽。在中国南方的山区稻田为地区性常见鸟。

055 小田鸡 *Zapornia pusilla*

鹤形目 / GRUIFORMES 秧鸡科 / Rallidae

识别特征 体纤小（18 cm）的灰褐色田鸡。嘴短，背部具白色纵纹，两肋及尾下具白色细横纹。雄鸟头顶及上体红褐色，具黑白色纵纹；胸及脸灰色。雌鸟色暗，耳羽褐色。幼鸟颏偏白，上体具圆圈状白色点斑。与姬田鸡区别在于上体褐色较浓且多白色点斑，两肋多横斑，嘴基无红色，腿偏粉色。虹膜红色，嘴偏绿，脚偏粉。叫声：干哑的降调颤音，似青蛙或雄性白眉鸭叫声。

生活习性 栖于沼泽型湖泊及多草的沼泽地带。快速而轻巧地穿行于芦苇中，极少飞行。

地理分布 北非和欧亚大陆，南迁至印度尼西亚、菲律宾、新几内亚及澳大利亚。常见于其适宜生境。繁殖于中国东北、河北、陕西、河南及新疆喀什地区。迁徙时经中国大多数地区，在广东有见越冬群体。迷鸟至台湾。

056 红胸田鸡 *Zapornia fusca*

鹤形目 / GRUIFORMES　秧鸡科 / Rallidae

识别特征　体小（20 cm）的红褐色短嘴田鸡。后顶及上体纯褐色，头侧及胸深棕红色（亚种 erythrothorax 的红色较深），颏白，腹部及尾下近黑并具白色细横纹。似红腿斑秧鸡及斑胁田鸡，但体型较小且两翼无任何白色。虹膜红色，嘴偏褐，脚红色。叫声：寂静少声；于繁殖季节有突发性的 3 ~ 4 s 的尖厉下颤音，似小鸊鷉；进食时作轻声 chuck。

生活习性　栖于芦苇地、稻田及湖边的干树丛。性羞怯而难见到。常在黎明、黄昏和夜间活动，白天多隐藏在灌丛与草丛中。偶尔冒险涉足苇地边缘。晨昏发出叫声。

地理分布　繁殖于印度次大陆、中国、东亚、菲律宾、苏拉威西岛及巽他群岛。冬季北方鸟南下越冬于婆罗洲。亚种 erythrothorax 为台湾的地方性常见留鸟，phaeopyga 见于华东、华中及华南，bakeri 见于中国西南。

057 白胸苦恶鸟 *Amaurornis phoenicurus*

鹤形目 / GRUIFORMES 秧鸡科 / Rallidae

识别特征 体型略大（33 cm）的深青灰色及白色的苦恶鸟。头顶及上体灰色，脸、额、胸及上腹部白色，下腹及尾下棕色。虹膜红色；嘴偏绿，嘴基红色；脚黄色。叫声：单调的 uwok-uwok 叫声。黎明或夜晚数鸟一起作喧闹而怪诞的合唱，声如 turr-kroowak、per-per-a-wak-wak-wak 及其他声响，一次可持续 15 min。

生活习性 通常单个活动，偶尔两三成群，于湿润的灌丛、湖边、河滩、红树林及旷野走动找食。多在开阔地带进食，因而较其他秧鸡类常见。也攀于灌丛及小树上。

地理分布 印度、中国南部、菲律宾、苏拉威西岛、马鲁古群岛及马来诸岛。亚种 chinensis 繁殖在中国北纬 34° 以南低地。越冬于云南、广西、海南岛、广东、福建及台湾。偶见于山东、山西及河北。为适宜生境下的一般性常见鸟，高可至海拔 1 500 m。

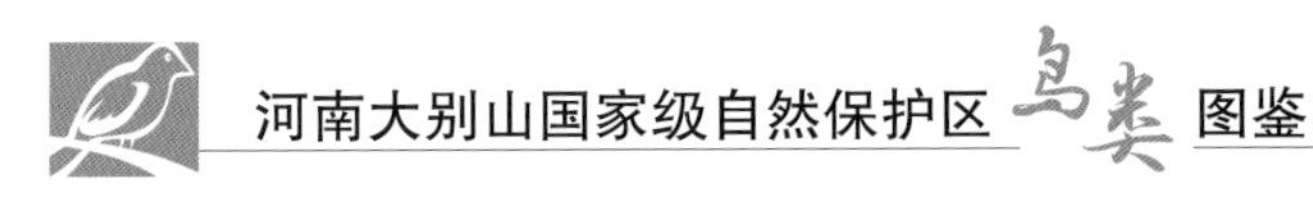

058 董鸡 *Gallicrex cinerea*

鹤形目 / GRUIFORMES　秧鸡科 / Rallidae

识别特征　体大（40 cm），黑色或皮黄褐色，绿色的嘴形短。雌鸟褐色，下体具细密横纹。繁殖期雄鸟体羽黑色，具红色的尖形角状额甲。虹膜褐色，嘴黄绿色，脚绿色，繁殖雄鸟为红色。叫声：于夏季巢区作深沉吟叫，但冬季常寂静无声。

生活习性　性羞怯。主为夜行性，多藏身于芦苇沼泽地。有时到附近稻田取食稻谷。

地理分布　留鸟分布于印度次大陆、东南亚南部、苏门答腊及菲律宾；夏季繁殖鸟分布于喜马拉雅山脉、东北亚、东南亚的东北部、中国；越冬于日本、马来半岛、婆罗洲、爪哇、苏拉威西岛及小巽他群岛。亚种 cinerea 为华东、华中、华南、西南和海南及台湾的夏季繁殖鸟。冬季南迁。

059 黑水鸡 *Gallinula chloropus*

鹤形目 / GRUIFORMES 秧鸡科 / Rallidae

识别特征 中等体型（31 cm），黑白色，额甲亮红，嘴短。体羽全青黑色，仅两胁有白色细纹而成的线条以及尾下有两块白斑，尾上翘时此白斑尽显。虹膜红色；嘴暗绿色，嘴基红色；脚绿色。叫声：响而粗的嘎嘎作叫 pruruk-pruuk-pruuk。

生活习性 多见于湖泊、池塘及运河。栖水性强，常在水中慢慢游动，边在水面浮游植物间翻拣找食。也取食于开阔草地。于陆地或水中尾不停上翘。不善飞，起飞前先在水上助跑很长一段距离。

地理分布 除大洋洲外，几乎遍及全世界。冬季北方鸟南迁越冬。亚种 indica 繁殖于新疆西部，包括天山；指名亚种繁殖于华东、华南、西南、海南岛、台湾及西藏东南部的中国大部地区。越冬在北纬 32° 以南。

060 白骨顶 *Fulica atra*

鹤形目 / GRUIFORMES　秧鸡科 / Rallidae

识别特征　体大（40 cm）的黑色水鸡。具显眼的白色嘴及额甲。整个体羽深黑灰色，仅飞行时可见翼上狭窄近白色后缘。虹膜红色，嘴白色，脚灰绿色。叫声：多种响亮叫声及尖厉的 kik kik 声。

生活习性　强栖水性和群栖性；常潜入水中在湖底找食水草。繁殖期相互争斗追打。起飞前在水面上长距离助跑。

地理分布　古北界、中东、印度次大陆。北方鸟南迁至非洲、东南亚越冬，鲜至印度尼西亚。也见于新几内亚、澳大利亚及新西兰。亚种 atra 为中国北方湖泊及溪流的常见繁殖鸟。大量的鸟至北纬 32° 以南越冬。

Ⅷ 鸻形目 CHARADRIIFORMES

九 反嘴鹬科 Recurvirostridae

061 黑翅长脚鹬 *Himantopus himantopus*

鸻形目 / CHARADRIIFORMES　反嘴鹬科 / Recurvirostridae

识别特征　高挑、修长（37 cm）的黑白色涉禽。特征为细长的嘴黑色，两翼黑色，长长的腿红色，体羽白色。颈背具黑色斑块。幼鸟褐色较浓，头顶及颈背沾灰。虹膜粉红色，嘴黑色，腿及脚淡红色。叫声：高音管笛声及燕鸥样的 kik-kik-kik 声。

生活习性　喜沿海浅水及淡水沼泽地。

地理分布　印度、中国及东南亚。指名亚种为罕见季候鸟。繁殖在新疆西部、青海东部及内蒙古西北部。中国其余地区均有过境记录，越冬鸟见于台湾、广东及香港。

062 反嘴鹬 *Recurvirostra avosetta*

鸻形目 / CHARADRIIFORMES 反嘴鹬科 / Recurvirostridae

识别特征 体高（43 cm）的黑白色鹬。形长的腿灰色，黑色的嘴细长而上翘。飞行时从下面看体羽全白，仅翼尖黑色。具黑色的翼上横纹及肩部条纹。虹膜褐色，嘴黑色，脚黑色。叫声：经常发出清晰似笛的叫声 kluit-kluit-kluit。

生活习性 进食时嘴往两边扫动。善游泳，能在水中倒立。飞行时不停地快速振翼并作长距离滑翔。成鸟作佯装断翅状的表演以将捕食者从幼鸟身边引开。

地理分布 欧洲至中国、印度及非洲南部。繁殖于中国北部，冬季结大群在东南沿海及西藏至印度越冬，偶见于台湾。

十 鸻科 Charadriidae

063 凤头麦鸡 *Vanellus vanellus*

鸻形目 / CHARADRIIFORMES 鸻科 / Charadriidae

识别特征 体型略大（30 cm）的黑白色麦鸡。具长窄的黑色反翻型凤头。上体具绿黑色金属光泽；尾白而具宽的黑色次端带；头顶色深，耳羽黑色，头侧及喉部污白；胸近黑；腹白。虹膜褐色，嘴近黑，腿及脚橙褐色。叫声：拖长的鼻音 pee-wit。

生活习性 喜耕地、稻田或矮草地。

地理分布 古北界，冬季南迁至印度及东南亚的北部。甚常见。繁殖于中国北方大部分地区，越冬于北纬 32° 以南。

064 灰头麦鸡 *Vanellus cinereus*

鸻形目 / CHARADRIIFORMES 鸻科 / Charadriidae

识别特征 体大（35 cm）的亮丽黑、白色及灰色麦鸡。头及胸灰色；上背及背褐色；翼尖、胸带及尾部横斑黑色，翼后余部、腰、尾及腹部白色。亚成鸟似成鸟但褐色较浓而无黑色胸带。虹膜褐色；嘴黄色，端黑；脚黄色。叫声：告警时叫声为响而哀的 chee-it、chee-it 声，飞行时作尖声的 kik 声。

生活习性 栖于近水的开阔地带、河滩、稻田及沼泽。

地理分布 繁殖于中国东北及日本；冬季南迁至印度东北部、东南亚，少量个体到菲律宾。全球性近危（Collar et al., 1994）。繁殖于东北各省至江苏和福建；迁徙经华东及华中，越冬于云南及广东，偶见于台湾。通常不常见。

065 金鸻 *Pluvialis fulva*

鸻形目 / CHARADRIIFORMES　鸻科 / Charadriidae

识别特征　夏季上体黑色，密布金黄色斑点，下体黑色；自额经眉纹、眼、颈侧到胸侧有一条"Z"形白带。冬羽上体灰褐色，边缘淡黄色，下体灰白，眉纹黄白色。翼上无白色横纹，飞行时翼衬不成对照。雌鸟下体也有黑色，但不如雄鸟多。

生活习性　单独或成群活动。栖于湖泊、河流、沿海滩涂、沙滩及农田等开阔多草地区。主要取食昆虫、软体动物、甲壳动物等。

地理分布　繁殖于俄罗斯北部、西伯利亚北部及阿拉斯加西北部。越冬于非洲东部、印度、东南亚至大洋洲并太平洋岛屿。国内见于各省份，在南方一些省份越冬。

066 长嘴剑鸻 *Charadrius placidus*

鸻形目 / CHARADRIIFORMES　鸻科 / Charadriidae

识别特征　体型略大（22 cm）而健壮的黑、褐色及白色鸻。略长的嘴全黑，尾较剑鸻及金眶鸻长，白色的翼上横纹不及剑鸻粗而明显。繁殖期体羽特征为具黑色的前顶横纹和全胸带，但贯眼纹灰褐而非黑。亚成鸟同剑鸻及金眶鸻。虹膜褐色，嘴黑色，腿及脚暗黄色。叫声：响亮清晰的双音节笛音 piwee。

生活习性　似其他鸻，但喜河边及沿海滩涂的多砾石地带。

地理分布　繁殖于东北亚、中国的华东及华中；冬季至东南亚。全球性近危（Collar et al., 1994）。繁殖于中国东北、华中及华东。越冬鸟在北纬 32° 以南的沿海、河流及湖泊。一般并不常见。

067 金眶鸻 *Charadrius dubius*

鸻形目 / CHARADRIIFORMES 鸻科 / Charadriidae

识别特征 体小（16 cm）的黑、灰色及白色鸻。嘴短。与环颈鸻及马来沙鸻的区别在于具黑色或褐色的全胸带，腿黄色。与剑鸻区别在于黄色眼圈明显，翼上无横纹。成鸟黑色部分在亚成鸟为褐色。飞行时翼上无白色横纹。虹膜褐色，嘴灰色，腿黄色。叫声：飞行时发出清晰而柔和的拖长降调哨音 pee-oo。

生活习性 通常出现在沿海溪流及河流的沙洲，也见于沼泽地带及沿海滩涂；有时见于内陆。

地理分布 北非、古北界、东南亚至新几内亚。北方的鸟南迁越冬。亚种 curonicus 繁殖于华北、华中及东南；迁飞途经东部省份至云南南部、海南岛、广东、福建、台湾沿海及河口越冬。jerdoni 繁殖于西藏南部、四川南部及云南，南迁越冬。一般性常见种。

068 环颈鸻 *Charadrius alexandrinus*

鸻形目 / CHARADRIIFORMES　鸻科 / Charadriidae

识别特征　体小（15 cm）而嘴短的褐色及白色鸻。与金眶鸻的区别在于腿黑色，飞行时具白色翼上横纹，尾羽外侧更白。雄鸟胸侧具黑色斑块；雌鸟此斑块为褐色。亚种 dealbatus 嘴较长较厚。虹膜褐色，嘴黑色，腿黑色。叫声：重复的轻柔单音节升调叫声 pik。

生活习性　单独或成小群进食，常与其余涉禽混群于海滩或近海岸的多沙草地，也于沿海河流及沼泽地活动。

地理分布　美洲、非洲及古北界的南部，南方越冬。指名亚种繁殖于中国西北及中北部，越冬于四川、贵州、云南西北部及西藏东南部。亚种 dealbatus（包括 nihonensis）繁殖于整个华东及华南沿海，包括海南岛和台湾，在河北也有分布；越冬于长江下游及北纬 32° 以南沿海。一般性常见鸟。

069 铁嘴沙鸻 *Charadrius leschenaultii*

鸻形目 / CHARADRIIFORMES 鸻科 / Charadriidae

识别特征 中等体型（23 cm）的灰、褐色及白色鸻。嘴短。与蒙古沙鸻区别在于体型较大，嘴较长较厚，腿较长而偏黄色。除蒙古沙鸻外，与所有其他越冬鸻类的区别在于缺少胸横纹或领环。繁殖羽特征为胸具棕色横纹，脸具黑色斑纹，前额白色。虹膜褐色，嘴黑色，腿黄灰色。叫声：起飞时作低柔的颤音 trrrt。

生活习性 喜沿海泥滩及沙滩，与其他涉禽尤其是蒙古沙鸻混群。

地理分布 繁殖由土耳其至中东、中亚至蒙古；越冬在非洲沿海、印度、东南亚、至澳大利亚。繁殖于新疆西部天山和喀什地区及内蒙古境内黄河拐弯处以北；迁徙经中国全境，少量鸟在台湾、广东及香港沿海越冬。

十一 彩鹬科 Rostratulidae

070 彩鹬 *Rostratula benghalensis*

鸻形目 / CHARADRIIFORMES 彩鹬科 / Rostratulidae

识别特征 体型略小（25 cm）而色彩艳丽的沙锥样涉禽。尾短。雌鸟：头及胸深栗色，眼周白色，顶纹黄色；背及两翼偏绿色，背上具白色的“V”形纹并有白色条带绕肩至白色的下体。雄鸟：体型较雌鸟小而色暗，多具杂斑而少皮黄色，翼覆羽具金色点斑，眼斑黄色。虹膜红色，嘴黄色，脚近黄色。叫声：通常无声，但雌鸟求偶时叫声深沉，也作轻柔声。

生活习性 栖于沼泽型草地及稻田。行走时尾上下摇动，飞行时双腿下悬如秧鸡。

地理分布 非洲、印度至中国及日本、东南亚及澳大利亚。

分布状况 适宜生境下的区域性常见留鸟和季候鸟，高可至海拔 900 m。指名亚种繁殖于辽宁南部、河北至华东及长江以南所有地区包括海南岛和台湾。北方鸟群至长江以南地区越冬。漂鸟至西藏南部，在西藏东南部应为留鸟。

十二 水雉科 Jacanidae

071 水雉 *Hydrophasianus chirurgus*

鸻形目 / CHARADRIIFORMES 水雉科 / Jacanidae

识别特征 体型略大（33 cm）、尾特长的深褐色及白色水雉。飞行时白色翼明显。非繁殖羽头顶、背及胸上横斑灰褐色；颏、前颈、眉、喉及腹部白色；两翼近白。黑色的贯眼纹下延至颈侧，下枕部金黄色。初级飞羽羽尖特长，形状奇特。虹膜黄色，嘴黄色 / 灰蓝（繁殖期），脚棕灰 / 偏蓝（繁殖期）。叫声：告警时发出响亮的鼻音喵喵声。

生活习性 常在小型池塘及湖泊的浮游植物如睡莲及荷花的叶片上行走。挑挑拣拣地找食，间或短距离跃飞到新的取食点。

地理分布 印度至中国、东南亚；南迁至菲律宾及大巽他群岛。以往为常见的季候鸟。现因缺少宁静的栖息生境已相当罕见。繁殖于中国北纬 32° 以南包括台湾、海南岛及西藏东南部的所有地区。部分鸟在台湾及海南岛越冬。

十三 鹬科 Scolopacidae

072 丘鹬 *Scolopax rusticola*

鸻形目 / CHARADRIIFORMES　鹬科 / Scolopacidae

识别特征　体大（35 cm）而肥胖，腿短，嘴长且直。与沙锥相比体型较大，头顶及颈背具斑纹。起飞时振翅嗖嗖作响。占域飞行缓慢，于树顶高度起飞时嘴朝下。飞行看似笨重，翅较宽。虹膜褐色；嘴基部偏粉，端黑；脚粉灰色。叫声：被赶时常悄然无声，但偶尔发出快速的 etsh-etsh-etsh 声。占域飞行时雄鸟发出 oo-oort 的嘟哝声，紧接着发出具爆破音的尖叫。

生活习性　夜行性的森林鸟。白天隐蔽，伏于地面，夜晚飞至开阔地进食。

地理分布　古北界，于东南亚为候鸟。繁殖于黑龙江北部、新疆西北部的天山、四川及甘肃南部。迁徙时经中国的大部地区。越冬在中国北纬 32° 以南大多数地区，台湾及海南岛也有越冬鸟。

073 针尾沙锥 *Gallinago stenura*

鸻形目 / CHARADRIIFORMES 鹬科 / Scolopacidae

识别特征 喙和尾较扇尾沙锥相对短，翼更尖。比大沙锥和扇尾沙锥颜色略浅，更灰。延伸至上体的颜色类似孤沙锥。头部暗灰棕色，带有浅褐色中间条带、眉纹及眼下的条纹。过眼纹在喙基部窄于眉纹。上体棕色，上背部有两条浅黄色条纹。4 枚外侧尾羽非常窄（小于中央尾羽的 1/2）。休息时翅膀和尾都短，翼尖比扇尾沙锥圆，初级飞羽不及尾端，三级飞羽几乎盖住初级飞羽，而大沙锥的尾超出三级飞羽很多扇尾沙锥露出中等长度的尾。逃跑迅速，飞行缓慢，不如扇尾沙锥飘忽飞行时脚露出尾后。与扇尾沙锥区别在于本种翼无白色后缘，翼下无白色宽横纹。

生活习性 栖于泰加林、森林苔原和西伯利亚东部的山林。迁徙及越冬时利用湿地比扇尾沙锥栖息环境稍干燥。习性似其他沙锥。

地理分布 分布于欧洲东北至鄂霍次克海、雅库特南部、楚科奇半岛，向南至阿尔泰山，也可至蒙古北部。越冬于中国南部、亚洲东部，迁徙时在中国东部常见。国内见于各地区。

074 大沙锥 *Gallinago megala*

鸻形目 / CHARADRIIFORMES　鹬科 / Scolopacidae

识别特征　体型略大（28 cm）而多彩的沙锥。两翼长而尖，头形大而方，嘴长。野外易与针尾沙锥混淆，但大沙锥尾较长，腿较粗而多黄色，飞行时脚伸出较少。与扇尾沙锥区别在于尾端两侧白色较多，飞行时尾长于脚，翼下缺少白色宽横纹，飞行时翼上无白色后缘。与澳南沙锥较难区别，但大沙锥初级飞羽长过三级飞羽。春季时胸及颈较暗淡。虹膜褐色，嘴褐色，脚橄榄灰色。叫声：粗哑喘息的大叫声，似扇尾沙锥但音较高而不清晰。通常只叫一声。

生活习性　栖居于沼泽及湿润草地，包括稻田。习性同其他沙锥但不喜飞行，起飞及飞行都较缓慢、较稳定。

地理分布　繁殖于东北亚；冬季南迁至婆罗洲北部、印度尼西亚，并远及澳大利亚。迁徙时常见于中国东部及中部，越冬在海南岛、台湾、广东及香港，偶见于河北。

075 扇尾沙锥 *Gallinago gallinago*

鸻形目 / CHARADRIIFORMES 鹬科 / Scolopacidae

识别特征 中等体型（26 cm）而色彩明快的沙锥。两翼细而尖，嘴长；脸皮黄色，眼部上下条纹及贯眼纹色深；上体深褐色，具白色、黑色的细纹及蠹斑；下体淡皮黄色，具褐色纵纹。色彩与大沙锥、澳南沙锥及针尾沙锥相似，但扇尾沙锥的次级飞羽具白色宽后缘，翼下具白色宽横纹，飞行较迅速、较高、较不稳健，并常作急叫声。皮黄色眉线与浅色脸颊成对比。肩羽边缘浅色，比内缘宽。肩部线条较居中线条为浅。虹膜褐色，嘴褐色，脚橄榄色。叫声：为响亮而有节律的 tick-a、tich-a 声，常于栖处鸣叫。被驱赶而告警时发出响亮而上扬的大叫声 jett…jett。

生活习性 栖于沼泽地带及稻田，通常隐蔽在高大的芦苇草丛中，被赶时跳出并作“锯齿形”飞行，边发出警告声。空中炫耀为向上攀升并俯冲，外侧尾羽伸出，颤动有声。

地理分布 繁殖于古北界，南迁越冬至非洲、印度、东南亚。繁殖于中国东北及西北的天山地区。迁徙时常见于中国大部地区。越冬在西藏南部、云南及中国北纬 32° 以南的大多数地区。

076 鹤鹬 *Tringa erythropus*

鸻形目 / CHARADRIIFORMES　鹬科 / Scolopacidae

识别特征　中等体型（30 cm）的红腿灰色涉禽。嘴长且直，繁殖羽黑色具白色点斑。冬季似红脚鹬，但体型较大，灰色较深，嘴较长且细，嘴基红色较少。两翼色深并具白色点斑，过眼纹明显。飞行时区别在于后缘缺少白色横纹，脚伸出尾后较长。虹膜褐色；嘴黑色，嘴基红色；脚橘黄色。叫声：飞行或歇息时发出独特的、具爆破音的尖哨音 chee-wik；告警时发出较短的 chip 声。

生活习性　似红脚鹬。喜鱼塘、沿海滩涂及沼泽地带。

地理分布　繁殖在欧洲；迁至非洲、印度及东南亚越冬。于新疆西北部天山有繁殖记录。迁徙时常见于中国的多数地区，结大群在南方各地。

077 红脚鹬 *Tringa totanus*

鸻形目 / CHARADRIIFORMES　鹬科 / Scolopacidae

识别特征　中等体型（28 cm），腿橙红色，嘴基半部为红色。上体褐灰，下体白色，胸具褐色纵纹。比红脚的鹤鹬体型小，矮胖，嘴较短较厚，嘴基红色较多。飞行时腰部白色明显，次级飞羽具明显白色外缘。尾上具黑白色细斑。虹膜褐色；嘴基部红色，端黑；脚橙红色。叫声：多有声响。飞行时发出降调的悦耳哨音 teu hu-hu，在地面时作单音 teyuu。

生活习性　喜泥岸、海滩、盐田、干涸的沼泽及鱼塘、近海稻田，偶尔在内陆。通常结小群活动，也与其他水鸟混群。

地理分布　繁殖于非洲及古北界，冬季南移远及苏拉威西、东帝汶及澳大利亚。常见。根据郑作新（1994），指名亚种繁殖于中国西北、青藏高原及内蒙古东部。大群鸟途经华南及华东，越冬鸟留在长江流域及南方各地。

078 青脚鹬 *Tringa nebularia*

鸻形目 / CHARADRIIFORMES　鹬科 / Scolopacidae

识别特征　中等体型（32 cm）的高挑偏灰色鹬。形长的腿近绿，灰色的嘴长而粗且略向上翻。站势：上体灰褐色具杂色斑纹，翼尖及尾部横斑近黑；下体白色，喉、胸及两胁具褐色纵纹。背部的白色长条于飞行时尤为明显。翼下具深色细纹（小青脚鹬为白色）。与泽鹬区别在于体型较大，腿相应较短，叫声独特。虹膜褐色；嘴灰色，端黑；脚黄绿色。叫声：喧闹。发出响亮悦耳的 chew chew chew 声。

生活习性　喜沿海和内陆的沼泽地带及大河流的泥滩。通常单独或两三成群。进食时嘴在水里左右甩动寻找食物。头紧张地上下点动。

地理分布　繁殖于古北界，从英国至西伯利亚；越冬在非洲南部、印度次大陆、东南亚至澳大利亚。常见冬候鸟。迁徙时见于中国大部地区，结大群在西藏南部及中国长江以南包括台湾及海南岛的大部分地区越冬。

079 白腰草鹬 *Tringa ochropus*

鸻形目 / CHARADRIIFORMES　鹬科 / Scolopacidae

识别特征　体羽深色。前颈、胸和上肋部有灰棕色条纹，下体白色。腰白色，尾白色带黑色横斑。上体绿褐色杂白斑，两翼及下背几乎全黑色。似矶鹬、林鹬，区别在于本种个体较大，上体色较深，翼下黑色。非繁殖羽白点少，胸和胁部无条纹。亚成体似非繁殖羽，上带浅黄斑点，白色眼圈明显。

生活习性　栖息于带有湖泊的森林，迁徙和越冬利用河流、淡水湿地，极少到海边，主要以陆生和水生昆虫及幼虫为食。主要在浅水或从地面的植物表面啄食，有时用脚踩踏搅起食物。通常单独进食。

地理分布　繁殖于欧亚大陆北部，从欧洲至黑龙江、鄂霍次克海。越冬至东南亚，部分越冬于日本本州岛、朝鲜半岛至中国东南部。国内见于各地区。

080 林鹬 *Tringa glareola*

鸻形目 / CHARADRIIFORMES 鹬科 / Scolopacidae

识别特征 体型略小（20 cm），纤细，褐灰色，腹部及臀偏白，腰白。上体灰褐色而极具斑点；眉纹长，白色；尾白而具褐色横斑。飞行时尾部的横斑、白色的腰部、下翼及翼上无横纹为其特征。脚远伸于尾后。与白腰草鹬区别在于腿较长，黄色较深，翼下色浅，眉纹长，外形纤细。虹膜褐色，嘴黑色，脚淡黄色至橄榄绿色。叫声：高调哨音 chee-chee-chee，告警时发出 chiff-iff-iff 声，不如青脚鹬叫声悦耳。

生活习性 喜沿海多泥的栖息环境，但也出现在内陆高至海拔 750 m 的稻田及淡水沼泽。通常结成松散小群可多达 20 余只，有时也与其他涉禽混群。

地理分布 繁殖于欧亚大陆北部，冬季南迁至非洲、印度次大陆、东南亚及澳大利亚。繁殖于黑龙江及内蒙古东部。迁徙时常见于中国全境。越冬于海南岛、台湾、广东及香港，偶见于河北及东部沿海。

081 矶鹬 *Actitis hypoleucos*

鸻形目 / CHARADRIIFORMES 鹬科 / Scolopacidae

识别特征 体型略小（20 cm）的褐色及白色鹬。嘴短，性活跃，翼不及尾。上体褐色，飞羽近黑；下体白，胸侧具褐灰色斑块。特征为飞行时翼上具白色横纹，腰无白色，外侧尾羽无白色横斑。翼下具黑色及白色横纹。虹膜褐色，嘴深灰色，脚浅橄榄绿色。叫声：细而高的管笛音 twee-wee-wee-wee。

生活习性 光顾不同的栖息生境，从沿海滩涂和沙洲至海拔 1 500 m 的山地稻田及溪流、河流两岸。行走时头不停地点动，并具两翼僵直滑翔的特殊姿势。

地理分布 繁殖于古北界及喜马拉雅山脉，冬季至非洲、印度次大陆、东南亚并远至澳大利亚。常见。繁殖于中国西北、中北及东北；冬季南迁至北纬 32° 以南的沿海、河流及湿地。

082 青脚滨鹬 *Calidris temminckii*

鸻形目 / CHARADRIIFORMES　鹬科 / Scolopacidae

识别特征　体小（14 cm）而矮壮，腿短，灰色。上体（冬季）全暗灰；下体胸灰色，渐变为近白色的腹部。尾长于拢翼。与其他滨鹬区别在于外侧尾羽纯白，落地时极易见，且叫声独特，腿偏绿或近黄。夏季体羽胸褐灰，翼覆羽带棕色。虹膜褐色，嘴黑色，腿及脚偏绿或近黄。叫声：短快而似蝉鸣的独特颤音叫声 tirrrrrrit。

生活习性　同其他滨鹬，喜沿海滩涂及沼泽地带，成小或大群。主要淡水鸟，也光顾潮间港湾。被赶时猛地跃起，飞行快速，紧密成群作盘旋飞行。站姿较平。

地理分布　繁殖于古北界北部，冬季至非洲、中东、印度、东南亚。定期出现却罕见的过境鸟，见于中国全境。越冬群体见于台湾、福建、广东及香港。

083 长趾滨鹬 *Calidris subminuta*

鸻形目 / CHARADRIIFORMES　鹬科 / Scolopacidae

识别特征　小（14 cm）的灰褐色滨鹬。上体具黑色粗纵纹，腿绿黄色。头顶褐色，白色眉纹明显。胸浅褐灰，腹白，腰部中央及尾深褐色，外侧尾羽浅褐色。

夏季鸟多棕褐色。冬季鸟与相像的红颈滨鹬的区别在于腿色较淡，与青脚滨鹬的区别在于上体具粗斑纹。飞行时可见模糊的翼横纹。虹膜深褐色，嘴黑色，脚绿黄色。叫声：轻柔的 prit 及 chirrup 声。

生活习性　喜沿海滩涂、小池塘、稻田及其他的泥泞地带。单独或结群活动，常与其他涉禽混群。不似其他涉禽羞怯，有人迫近时常最后一个飞走。站姿比其他滨鹬直。

地理分布　繁殖于西伯利亚，越冬于印度、东南亚至澳大利亚。不常见的过境鸟及冬候鸟。有记录迁徙时见于华东及华中的大部分地区，越冬在台湾、广东及香港。

084 黑腹滨鹬 *Calidris alpina*

鸻形目 / CHARADRIIFORMES　鹬科 / Scolopacidae

识别特征　体小（19 cm）而嘴适中的偏灰色滨鹬。眉纹白色，嘴端略有下弯，尾中央黑而两侧白。与弯嘴滨鹬的区别在于腰部色深，腿较短，胸色较暗。与阔嘴鹬的区别在于腿较粗，头部色彩单调，仅为一道眉纹。夏羽特征为胸部黑色，上体棕色。虹膜褐色，嘴黑色，脚绿灰色。叫声：飞行时发出粗而带鼻音的哨声 dwee。

生活习性　喜沿海及内陆泥滩，单独或成小群，常与其他涉禽混群。进食忙碌，取蹲姿。

地理分布　繁殖于全北界北部，越冬往南。于东南亚为罕见迁徙鸟。常见过境鸟及冬候鸟。亚种 centralis 迁徙时由中国西北及东北至东南部。sakhalina 有记录迁徙时见于东北；越冬在华南、东南沿海省份及长江以南主要河流两岸，也见于台湾及海南岛。

十四 三趾鹑科 Turnicidae

085 黄脚三趾鹑 *Turnix tanki*

鸻形目 / CHARADRIIFORMES 三趾鹑科 / Turnicidae

识别特征 体型小（16 cm）的棕褐色三趾鹑，上体及胸两侧具明显的黑色点斑。飞行时翼覆羽淡皮黄色，与深褐色飞羽成对比。与其他三趾鹑区别在于腿黄色。雌鸟的枕及背部较雄鸟多栗色。虹膜黄色，嘴黄色，脚黄色。叫声：高声大叫。

生活习性 以小群活动于灌木丛、草地、沼泽地及耕作地，尤喜稻茬地。

地理分布 亚洲东部、印度、中国及东南亚。相当常见，可至海拔 2 000 m。亚种 blandfordii 在中国繁殖于由西南、华南、华中、华东至东北的大部地区，北方种群冬季迁至南方。

十五 燕鸻科 Glareolidae

086 普通燕鸻 *Glareola maldivarum*

鸻形目 / CHARADRIIFORMES　燕鸻科 / Glareolidae

识别特征　中等体型（25 cm），翼长，叉形尾，喉皮黄色具黑色边缘（冬候鸟较模糊）。上体棕褐色具橄榄色光泽；两翼近黑；尾上覆羽白色；腹部灰；尾下白；叉形尾黑色，但基部及外缘白色。虹膜深褐色；嘴黑色，嘴基猩红；脚深褐色。叫声：嘶哑的喘息声 tar-rak。

生活习性　形态优雅，以小群至大群活动，性喧闹。与其他涉禽混群，栖于开阔地、沼泽地及稻田。善走，头不停点动。飞行优雅似燕，于空中捕捉昆虫。

地理分布　繁殖于亚洲东部；冬季南迁经印度尼西亚至澳大利亚。地区性常见鸟。指名亚种繁殖于华北、东北、华东、新疆及海南岛。留鸟见于台湾。有记录迁徙时见于中国东部多数地区。

十六 鸥科 Laridae

087 红嘴鸥 *Chroicocephalus ridibundus*

鸻形目 / CHARADRIIFORMES 鸥科 / Laridae

识别特征 中等体型（40 cm）的灰色及白色鸥。眼后具黑色点斑（冬季），嘴及脚红色，深巧克力褐色的头罩延伸至顶后，于繁殖期延至白色的后颈。翼前缘白色，翼尖的黑色并不长，翼尖无或微具白色点斑。第一冬鸟尾近尖端处具黑色横带，翼后缘黑色，体羽杂褐色斑。与棕头鸥的区别在于体型较小，翼前缘白色明显，翼尖黑色几乎无白色点斑。虹膜褐色，嘴红色（亚成鸟嘴尖黑色），脚红色（亚成鸟色较淡）。叫声：沙哑的 kwar 叫声。

生活习性 在海上时浮于水上或立于漂浮物或固定物上，或与其他海洋鸟类混群，在鱼群上作燕鸥样盘旋飞行。于陆地时，停栖于水面或地上。在有些城镇相对温驯，人们常给它们投食。

地理分布 繁殖于古北界，南迁至印度、东南亚越冬。甚常见。繁殖在中国西北部天山西部地区及中国东北的湿地。大量越冬在中国东部和北纬 32° 以南所有湖泊、河流及沿海地带。

088 西伯利亚银鸥 *Larus vegae*

鸻形目 / CHARADRIIFORMES　鸥科 / Laridae

识别特征　形似银鸥。背部蓝灰色，嘴端红色明显，脚粉色。冬季头、枕密布灰色纵纹，并及胸部，头部整体发灰。

生活习性　松散的群栖性。沿海、内陆水域及垃圾成堆等地方的凶猛而识时的清道夫。

地理分布　繁殖于俄罗斯北部及西伯利亚北部，在繁殖地以南地区越冬。国内除宁夏、青海、西藏外，见于全国各地。

089 白额燕鸥 *Sternula albifrons*

鸻形目 / CHARADRIIFORMES 鸥科 / Laridae

识别特征 体小（24 cm）的浅色燕鸥。尾开叉浅。夏季：头顶、颈背及过眼线黑色，额白。冬季：头顶及颈背黑色减小至月牙形，翼前缘黑色、后缘白色。幼鸟：似非繁殖期成鸟但头顶及上背具褐色杂斑，尾白而尾端褐，嘴暗淡。虹膜褐色，嘴黄色具黑色嘴端（夏季）或黑色，脚黄色。叫声：喘息式高声尖叫。

生活习性 栖居于海边沙滩，与其他燕鸥混群。振翼快速，常作徘徊飞行，潜水方式独特，入水快，飞升也快。

地理分布 美国西部沿海、加勒比海、古北界西部、非洲、印度洋、印度、东亚及东南亚至澳大利亚。常见夏季繁殖鸟。指名亚种繁殖于新疆西部喀什地区；sinensis 广泛繁殖于中国大部地区，从东北至西南及华南沿海和海南岛。内陆、沿海均有繁殖。有记录迁徙时见于台湾。

090 普通燕鸥 *Sterna hirundo*

鸻形目 / CHARADRIIFORMES 鸥科 / Laridae

识别特征 体型略小（35 cm）、头顶黑色的燕鸥。尾深叉型。繁殖期：整个头顶黑色，胸灰色。非繁殖期：上翼及背灰色，尾上覆羽、腰及尾白色，额白，头顶具黑色及白色杂斑，颈背最黑，下体白。飞行时，非繁殖期成鸟及亚成鸟的特征为前翼具近黑的横纹，外侧尾羽羽缘近黑。第一冬鸟上体褐色浓重，上背具鳞状斑。虹膜褐色；嘴，冬季黑色，夏季嘴基红色；脚偏红，冬季较暗。叫声：沙哑的降调 keerar 声，重音在第一音节。

生活习性 喜沿海水域，有时在内陆淡水区。歇息于突出的高地，如钓鱼台及岩石。飞行有力，从高处冲下海面取食。

地理分布 繁殖于北美洲及古北界，冬季南迁至南美洲、非洲、印度洋、印度尼西亚及澳大利亚。常见夏季繁殖鸟及过境鸟。指名亚种繁殖于中国西北；longipennis 繁殖于中国东北及华北的东部；tibetana 繁殖于中国中北部、中部、青海及西藏。后两亚种迁徙时经华南及东南，包括台湾及海南岛。

091 灰翅浮鸥 *Chlidonias hybrida*

鸻形目 / CHARADRIIFORMES　鸥科 / Laridae

识别特征　体喙淡紫红色。额至头顶黑色。颊、颈侧、喉白色。前颈、胸暗灰色，腹部黑色。尾下覆羽白色。背至尾灰色。尾叉型。

生活习性　栖息于海岸、河口、湿地。在空中定点悬停，俯冲入水捕食。

地理分布　共 6 个亚种，分布于欧洲、亚洲中部和南部、大洋洲、非洲。国内有 1 个亚种，普通亚种 hvbrida 除西藏、贵州外见于全国各地。

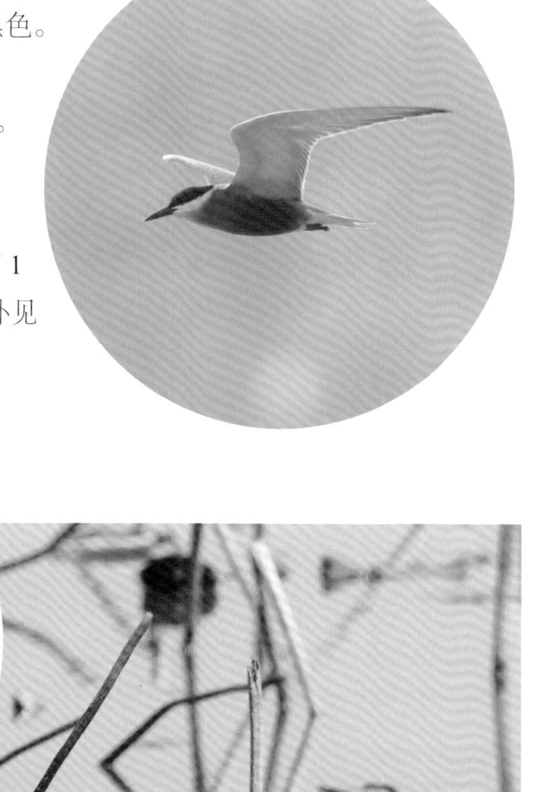

092 白翅浮鸥 *Chlidonias leucopterus*

鸻形目 / CHARADRIIFORMES　鸥科 / Laridae

识别特征　体小（23 cm）的燕鸥。尾浅开叉。繁殖期成鸟的头、背及胸黑色，与白色尾及浅灰色翼呈明显反差；翼上近白，翼下覆羽明显黑色。非繁殖期成鸟上体浅灰，头后具灰褐色杂斑，下体白。与非繁殖期须浮鸥的区别在于白色颈环较完整，头顶黑色较少，杂斑较多，黑色耳覆羽把黑色头顶及浅色腰隔开。虹膜深褐色，嘴红色（繁殖期）、黑色（非繁殖期）；脚橙红色。叫声：重复的 kweek 声或尖厉的 kwek-kwek 叫声。

生活习性　喜沿海地区、港湾及河口，以小群活动；也至内陆稻田及沼泽觅食。取食时低掠过水面，顺风而飞捕捉昆虫。常栖于杆状物上。

地理分布　繁殖于南欧及波斯湾，横跨亚洲至俄罗斯中部及中国；冬季南迁至非洲南部，并经印度尼西亚至澳大利亚，偶至新西兰。不常见的季候鸟及冬候鸟。繁殖于新疆西北部天山、东北及黄河拐角处；有记录迁徙时见于中国北方；越冬于华南和东南沿海的较大河流及台湾和海南岛。主要分布在沿海，但可能进内陆至浸水的稻田。

Ⅸ 鲣鸟目 SULIFORMES

十七 鸬鹚科 Phalacrocoracidae

093 普通鸬鹚 *Phalacrocorax carbo*

鲣鸟目 / SULIFORMES 鸬鹚科 / Phalacrocoracidae

识别特征 体大（90 cm）的鸬鹚。有偏黑色闪光，嘴厚重，脸颊及喉白色。繁殖期颈及头饰以白色丝状羽，两胁具白色斑块。亚成鸟：深褐色，下体污白。虹膜蓝色；嘴黑色，下嘴基裸露皮肤黄色；脚黑色。叫声：繁殖期发出带喉音的咕哝声，其他时候无声。

生活习性 繁殖于湖泊中砾石小岛或沿海岛屿。在水里追逐鱼类。游泳时似其他鸬鹚，半个身子在水下，常停栖在岩石或树枝上晾翼。飞行呈“V”字形或直线。中国有些渔民捕捉此鸟并训练它们捕鱼。

地理分布 北美洲东部沿海、欧洲、俄罗斯南部、西伯利亚南部、非洲西北部及南部、中东、亚洲中部、印度、中国、东南亚、澳大利亚、新西兰。部分鸟为季候鸟。繁殖于中国各地的适宜环境。大群聚集青海湖。迁徙经中国中部，冬季至南方省份、海南岛及台湾越冬。于繁殖地常见，其他地点罕见。大群在香港（米埔）越冬，部分鸟整年留在那里。

X 鹈形目 PELECANIFORMES

十八 鹮科 Threskiornithidae

094 白琵鹭 *Platalea leucorodia*

鹈形目 / PELECANIFORMES 鹮科 / Threskiornithidae

识别特征 体大（84 cm）的白色琵鹭。长长的嘴灰色而呈琵琶形，头部裸出部位呈黄色，自眼先至眼有黑色线。与冬季黑脸琵鹭的区别在于体型较大，脸部黑色少，白色羽毛延伸过嘴基，嘴色较浅。虹膜红色或黄色；嘴灰色，嘴端黄色；脚近黑。叫声：繁殖期外寂静无声。

生活习性 喜泥泞水塘、湖泊或泥滩，在水中缓慢前进，嘴往两旁甩动以寻找食物。一般单独或成小群活动；部分夜行性。

地理分布 共 3 个亚种，分布于欧亚大陆及非洲。国内有 1 个亚种，指名亚种 leucorodia 繁殖于西北和东北地区，越冬于长江下游地区、云南、东南沿海地区、台湾等地湖泊湿地。

十九 鹭科 Ardeidae

095 大麻鳽 *Botaurus stellaris*

鹈形目 / PELECANIFORMES 鹭科 / Ardeidae

识别特征 体大（75 cm）的金褐色及黑色鳽。顶冠黑色，颏及喉白且其边缘接明显的黑色颊纹。头侧金色，其余体羽多具黑色纵纹及杂斑。飞行时具褐色横斑的飞羽与金色的覆羽及背部成对比。虹膜黄色，嘴黄色，脚绿黄色。叫声：仅在繁殖期发出为人熟知的鼓样叫声。冬季寂静无声。

生活习性 性隐蔽，喜高芦苇。有时被发现时就地凝神不动，嘴垂直上指。有时被赶起见其在芦苇上低低飞过。

地理分布 非洲、欧亚大陆。冬候鸟见于东南亚。

096 黄斑苇鳽 *Ixobrychus sinensis*

鹈形目 / PELECANIFORMES　鹭科 / Ardeidae

识别特征　体小（32 cm）的皮黄色及黑色苇鳽。成鸟：顶冠黑色，上体淡黄褐色，下体皮黄，黑色的飞羽与皮黄色的覆羽成强烈对比。亚成鸟似成鸟但褐色较浓，全身满布纵纹，两翼及尾黑色。虹膜黄色，眼周裸露皮肤黄绿色，嘴绿褐色，脚黄绿色。叫声：通常无声。飞行时发出略微刺耳的断续轻声 kakak kakak。

生活习性　喜河湖港汊地带的河流及水道边的浓密芦苇丛，也喜稻田。

地理分布　印度、东亚至菲律宾、密克罗尼西亚及苏门答腊。冬季至印度尼西亚及新几内亚。常见湿地鸟，繁殖于中国东北至华中及西南、台湾和海南岛。越冬在热带地区。

097 栗苇鳽 *Ixobrychus cinnamomeus*

鹈形目 / PELECANIFORMES 鹭科 / Ardeidae

识别特征 体型略小（41 cm）的橙褐色苇鳽。成年雄鸟：上体栗色，下体黄褐色，喉及胸具由黑色纵纹而成的中线，两胁具黑色纵纹，颈侧具偏白色纵纹。雌鸟：色暗，褐色较浓。亚成鸟：下体具纵纹及横斑，上体具点斑。虹膜黄色，嘴基部裸露皮肤橘黄色；嘴黄色，脚绿色。叫声：受惊起飞时发出呱呱叫声，求偶叫为低声的 kokokokoko 或 geg-geg。

生活习性 性羞怯孤僻，白天栖于稻田或草地，夜晚较活跃。受惊时一跳而起，飞行低，振翼缓慢有力。营巢在芦苇或深草中。

地理分布 印度、中国、东南亚。常见的低地留鸟，分布于辽宁至华中、华东、西南、海南岛及台湾的淡水沼泽和稻田。越冬在热带区域。

098 黑苇鳽 *Ixobrychus flavicollis*

鹈形目 / PELECANIFORMES　鹭科 / Ardeidae

识别特征　中等体型(54 cm)的近黑色鳽。成年雄鸟: 通体青灰色(野外看似黑色), 颈侧黄色，喉具黑色及黄色纵纹。雌鸟：褐色较浓，下体白色较多。亚成鸟：顶冠黑色，背及两翼羽尖黄褐色或褐色鳞状纹。嘴长而形如匕首，使其有别于色彩相似的其他鳽。虹膜红色或褐色，嘴黄褐色，脚黑褐色而有变化。叫声：飞行时发出响亮粗哑的呱呱叫声，于繁殖期发出深沉的鼓样叫声。

生活习性　性羞怯。白天喜在森林及植物茂密缠结的沼泽地，夜晚飞至其他地点进食。营巢于水上方或沼泽上方的密林植被中。

地理分布　印度、中国南方、东南亚至大洋洲。指名亚种为不常见的夏季繁殖鸟，见于长江中下游、东南部及华南沿海地区、西江流域、海南岛。亚种 major 罕见于台湾。

099 夜鹭 *Nycticorax nycticorax*

鹈形目 / PELECANIFORMES 鹭科 / Ardeidae

识别特征 中等体型（61 cm）、头大而体壮的黑白色鹭。成鸟：顶冠黑色，颈及胸白，颈背具两条白色丝状羽，背黑，两翼及尾灰色。虹膜：亚成鸟黄色，成鸟鲜红；嘴黑色，脚污黄色。叫声：飞行时发出深沉喉音 wok 或 kowak-kowak，受惊扰时发出粗哑的呱呱声。

生活习性 白天群栖树上休息。黄昏时鸟群分散进食，发出深沉的呱呱叫声。取食于稻田、草地及水渠两旁。结群营巢于水上悬枝，甚喧哗。

地理分布 美洲、非洲、欧洲至日本、印度、东南亚、大巽他群岛。地区性常见于华东、华中及华南的低地，近年来在华北亦常见。冬季迁徙至中国南方沿海及海南岛。

100 绿鹭 *Butorides striata*

鹈形目 / PELECANIFORMES　鹭科 / Ardeidae

识别特征　体小（43 cm）的深灰色鹭。成鸟：顶冠及松软的长冠羽闪绿黑色光泽，一道黑色线从嘴基部过眼下及脸颊延至枕后。两翼及尾青蓝色并具绿色光泽，羽缘皮黄色。腹部粉灰，颏白。虹膜黄色，嘴黑色，脚偏绿。叫声：告警时发出响亮具爆破音的 kweuk 声，也作一连串的 kee-kee-kee-kee 声。

生活习性　性孤僻羞怯。栖于池塘、溪流及稻田，也栖于芦苇地、灌丛或红树林等有浓密植被覆盖的地方。结小群营巢。

地理分布　美洲、非洲、马达加斯加、印度、中国、东北亚及东南亚、新几内亚、澳大利亚。亚种 amurensis 繁殖于中国东北，冬季迁徙至南方沿海地区；actophilus 在华南及华中甚常见；javanicus 甚常见于台湾及海南岛。

101 池鹭 *Ardeola bacchus*

鹈形目 / PELECANIFORMES 鹭科 / Ardeidae

识别特征 体型略小（47 cm）、翼白色、身体具褐色纵纹的鹭。繁殖羽：头及颈深栗色，胸紫酱色。冬季：站立时具褐色纵纹，飞行时体白而背部深褐。虹膜褐色，嘴黄色（冬季），腿及脚绿灰色。叫声：通常无声，争吵时发出低沉的呱呱叫声。

生活习性 栖于稻田或其他漫水地带，单独或成分散小群进食。每晚三两成群飞回群栖处，飞行时振翼缓慢，翼显短。与其他水鸟混群营巢。

地理分布 孟加拉国至中国及东南亚。越冬至马来半岛、中南半岛及大巽他群岛。迷鸟至日本。常见于华南、华中及华北地区的水稻田。偶见于西藏南部及东北低洼地区。迷鸟至台湾。

102 牛背鹭 *Bubulcus coromandus*

鹈形目 / PELECANIFORMES　鹭科 / Ardeidae

识别特征　体型略小（50 cm）的白色鹭。繁殖羽：体白，头、颈、胸沾橙黄；虹膜、嘴、腿及眼先短期呈亮红色，余时橙黄。非繁殖羽：体白，仅部分鸟额部沾橙黄。与其他鹭的区别在于体型较粗壮，颈较短而头圆，嘴较短厚。虹膜黄色，嘴黄色，脚暗黄至近黑。叫声：于巢区发出呱呱叫声，余时寂静无声。

生活习性　与家畜及水牛关系密切，捕食家畜及水牛从草地上引来或惊起的苍蝇。傍晚小群列队低飞过有水地区回到群栖地点。结群营巢于水上方。

地理分布　北美洲东部、南美洲中部及北部、伊比利亚半岛至伊朗，印度至中国南方、日本南部、东南亚。常见于中国南半部包括海南岛及台湾的低洼地区。夏候鸟偶尔远及北京。

103 苍鹭 *Ardea cinerea*

鹈形目 / PELECANIFORMES　鹭科 / Ardeidae

识别特征　体大（92 cm）的白、灰及黑色鹭。成鸟：过眼纹及冠羽黑色，飞羽、翼角及两道胸斑黑色，头、颈、胸及背白色，颈具黑色纵纹，余部灰色。幼鸟的头及颈灰色较重，但无黑色。虹膜黄色，嘴黄绿色，脚偏黑。叫声：深沉的喉音呱呱声 kroak 及似鹅的叫声 honk。

生活习性　性孤僻，在浅水中捕食。冬季有时成大群。飞行时翼显沉重。停栖于树上。

地理分布　非洲、欧亚大陆、朝鲜、日本至菲律宾及巽他群岛。地区性常见留鸟，分布于中国全境包括台湾的适宜生态环境。冬季北方鸟南下至华南及华中。

104 草鹭 *Ardea purpurea*

鹈形目 / PELECANIFORMES　鹭科 / Ardeidae

识别特征　体大（80 cm）的灰、栗色及黑色鹭。特征为顶冠黑色并具两道饰羽，颈棕色且颈侧具黑色纵纹。背及覆羽灰色，飞羽黑，其余体羽红褐色。虹膜黄色，嘴褐色，脚红褐色。叫声：粗哑的呱呱叫声。

生活习性　喜稻田、芦苇地、湖泊及溪流。性孤僻，常单独在有芦苇的浅水中，低歪着头伺机捕鱼及其他食物。飞行时振翅显缓慢而沉重。结大群营巢。

地理分布　非洲、欧亚大陆至菲律宾、苏拉威西岛及马来诸岛。地区性常见留鸟，见于华东、华中、华南、海南岛及台湾低地。不如苍鹭常见。

105 大白鹭 *Ardea alba*

鹈形目 / PELECANIFORMES 鹭科 / Ardeidae

识别特征 体大（95 cm）的白色鹭。比其他白色鹭体型大许多，嘴较厚重，颈部具特别的纽结。繁殖羽：脸颊裸露皮肤蓝绿色，嘴黑，腿部裸露皮肤红色，脚黑。非繁殖羽：脸颊裸露皮肤黄色，嘴黄而嘴端常为深色，脚及腿黑色。虹膜黄色。叫声：告警时发出低声的呱呱叫 kraa。

生活习性 一般单独或成小群，在湿润或漫水的地带活动。站姿甚高直，从上方往下刺戳猎物。飞行优雅，振翅缓慢有力。

地理分布 全世界。于繁殖区为地方性常见，其余则罕见。指名亚种繁殖于黑龙江及新疆西北部，迁徙经中国北部至西藏南部越冬。亚种 modesta 繁殖于河北至吉林、福建及云南东南部，在中国南方、海南岛及台湾越冬。

106 中白鹭 *Ardea intermedia*

鹈形目 / PELECANIFORMES　鹭科 / Ardeidae

识别特征　体大（69 cm）的白色鹭。体型大小在白鹭与大白鹭之间，嘴相对短，颈呈“S”形。于繁殖羽时其背及胸部有松软的长丝状羽，嘴及腿短期呈粉红色，脸部裸露皮肤灰色。虹膜黄色，嘴黄色，端褐；腿及脚黑色。叫声：甚安静，受惊起飞时发出粗喘声kroa-kr。

生活习性　喜稻田、湖畔、沼泽地、红树林及沿海泥滩。与其他水鸟混群营巢。

地理分布　非洲、印度、东亚至大洋洲。常见于中国南方的低洼潮湿地区。指名亚种为留鸟，见于长江流域、东南部及台湾和海南岛。见于云南南部的鸟被作为尚有争议的亚种palleuca。漂鸟见于黄河流域。

107 白鹭 *Egretta garzetta*

鹈形目 / PELECANIFORMES　鹭科 / Ardeidae

识别特征　中等体型（60 cm）的白色鹭。与牛背鹭的区别在于体型较大而纤瘦，嘴及腿黑色，趾黄色，繁殖羽纯白，颈背具细长饰羽，背及胸具蓑状羽。虹膜黄色；脸部裸露皮肤黄绿色，于繁殖期为淡粉色；嘴黑色；腿及脚黑色，趾黄色。叫声：于繁殖巢群中发出呱呱叫声，其余时候寂静无声。

生活习性　喜稻田、河岸、沙滩、泥滩及沿海小溪流。成散群进食，常与其他种类混群。有时飞越沿海浅水追捕猎物。夜晚飞回栖处时呈“V”字队形。与其他水鸟一道集群营巢。

地理分布　非洲、欧洲、亚洲及大洋洲。指名亚种为常见留鸟及候鸟，分布在中国南方、台湾及海南岛。迷鸟有时至北京。部分鸟冬季到热带地区越冬。

XI 鹰形目 ACCIPITRIFORMES

二十 鹗科 Pandionidae

108 鹗 *Pandion haliaetus*

鹰形目 / ACCIPITRIFORMES　鹗科 / Pandionidae

识别特征　嘴黑色；头顶白色，具有黑褐色细纵纹，枕部有短羽冠。过眼纹黑色。上体暗褐色，喉至下体白色，脚黄色，爪黑色。

生活习性　栖息于湖泊、河流、海岸，冬季常到开阔的河流、水库、水塘地区活动，单独或成对活动，迁徙期常集成3~5只的小群；多在水面缓慢地低空飞行，有时也在高空翱翔和盘旋。擅捕鱼。

地理分布　世界性分布。中国各地均有记录。

二十一 鹰科 Accipitridae

109 黑翅鸢 *Elanus caeruleus*

鹰形目 / ACCIPITRIFORMES 鹰科 / Accipitridae

识别特征 体小（30 cm）的白、灰色及黑色鸢。特征为黑色的肩部斑块及形长的初级飞羽。成鸟：头顶、背、翼覆羽及尾基部灰色，脸、颈及下体白色。唯一一种振羽停于空中寻找猎物的白色鹰类。亚成鸟似成鸟但沾褐色。虹膜红色；嘴黑色，蜡膜黄色；脚黄色。叫声：轻柔哨音 wheep、wheep。

生活习性 喜立在死树或电线柱上，也似红隼悬于空中。

地理分布 非洲、欧亚大陆南部、印度、中国南部、菲律宾及印度尼西亚至新几内亚。罕见留鸟见于云南、广西、广东及香港的开阔低地及山区，高可至海拔 2 000 m。曾在湖北及浙江有记录。

110 凤头蜂鹰 *Pernis ptilorhynchus*

鹰形目 / ACCIPITRIFORMES　鹰科 / Accipitridae

识别特征　体型略大（58 cm）的深色鹰。凤头或有或无。两亚种均有浅色、中间色及深色型，各似鹰雕。上体由白色至赤褐色至深褐色，下体满布点斑及横纹，尾具不规则横纹。所有型均具对比性浅色喉块，缘以浓密的黑色纵纹，并常具黑色中线。飞行时特征为头相对小而颈显长，两翼及尾均狭长。虹膜橘黄色，嘴灰色，脚黄色；近看时眼先羽呈鳞状为特征性。叫声：响亮悦耳的高音四音节叫声 wee-wey-uho 或 weehey-weehey。

生活习性　飞行具特色，振翼几次后便作长时间滑翔，两翼平伸翱翔高空。有偷袭蜜蜂及黄蜂巢的怪习。

地理分布　古北界东部、印度及东南亚至大巽他群岛。具长羽冠的亚种 ruficollis 数量稀少，见于四川南部及云南，部分鸟作区域性迁徙。古北界东部具短羽冠的亚种 orientalis 繁殖于黑龙江至辽宁，冬季经华中及华东至台湾、东南各省及海南岛。于海拔 1 200 m 以下的森林并不罕见。

111 黑冠鹃隼 *Aviceda leuphotes*

鹰形目 / ACCIPITRIFORMES 鹰科 / Accipitridae

识别特征 体型略小（32 cm）的黑白色鹃隼。黑色的长冠羽常直立头上。整体体羽黑色，胸具白色宽纹，翼具白斑，腹部具深栗色横纹。两翼短圆，飞行时可见黑色衬，翼灰而端黑。飞行时振翼如鸦，滑翔时两翼平直。虹膜红色；嘴角质色，蜡膜灰色；脚深灰色。叫声：作一至三轻音节的假声尖叫，似海鸥的咪咪叫。

生活习性 成对或成小群活动，振翼作短距离飞行至空中或于地面捕捉大型昆虫。

地理分布 印度、中国南部、东南亚，越冬在大巽他群岛。有三个亚种出现：wolfei 在四川，syama 在华南及西南，指名亚种在海南岛。地区性并不罕见，栖于开阔有林的低地。

112 乌雕 *Clanga clanga*

鹰形目 / ACCIPITRIFORMES　鹰科 / Accipitridae

识别特征　体大（70 cm）的全深褐色雕。尾短，蜡膜及脚黄色。体羽随年龄及不同亚种而有变化。幼鸟翼上及背部具明显的白色点斑及横纹。所有型的羽衣其尾上覆羽均具白色的“U”形斑，飞行时从上方可见。尾比金雕或白雕、肩雕为短。虹膜褐色，嘴灰色，脚黄色。叫声：通常无声。

生活习性　栖于近湖泊的开阔沼泽地区，迁徙时栖于开阔地区。食物主要为青蛙、蛇类、鱼类及鸟类。

地理分布　繁殖于俄罗斯南部、西伯利亚南部、土耳其、印度西北部及北部、中国北方；越冬于非洲东北部、印度南部、中国南部及东南亚。全球性易危。繁殖于中国北方，越冬或迁徙经中国南方。不常见但定期出现。

113 金雕 *Aquila chrysaetos*

鹰形目 / ACCIPITRIFORMES 鹰科 / Accipitridae

识别特征 体大（85 cm）的浓褐色雕。头具金色羽冠，嘴巨大。飞行时腰部白色明显可见。尾长而圆，两翼呈浅“V”形。与白肩雕的区别在于肩部无白色。亚成鸟翼具白色斑纹，尾基部白色。虹膜褐色，嘴灰色，脚黄色。叫声：通常无声。

生活习性 栖于崎岖干旱平原、岩崖山区及开阔原野，捕食雉类、土拨鼠及其他哺乳动物。随暖气流作壮观的高空翱翔。

地理分布 北美洲、欧洲、中东、东亚及西亚、北非。亚种 daphanea 分布广泛但不常见，见于中国多数山区及喜马拉雅山脉高海拔处。canadensis 繁殖于内蒙古东北部，越冬在东北长白山区。偶有迷鸟至东部及南部沿海省份。

114 白腹隼雕 *Aquila fasciata*

鹰形目 / ACCIPITRIFORMES　鹰科 / Accipitridae

识别特征　体大（59 cm）的猛禽。翼尖深色，两翼及尾具细小横斑，剪影特征为两翼宽圆而略短，尾形长。成鸟尾部色浅并具黑色端带；翼下覆羽色深，具浅色的前缘；胸部色浅而具深色纵纹。成鸟飞行时上背具白色块斑。幼鸟翼具黑色后缘，沿大覆羽有深色横纹，其余覆羽色浅。上体大致褐色，头部皮黄色具深色纵纹，脸侧略暗。飞行时两翼平端。虹膜黄褐色；嘴灰色，蜡膜黄色；脚黄色。叫声：尖厉；作吱吱叫声，如 kie, kie, kikiki。

生活习性　栖于开阔山区。常成对作高空翱翔。振翼快。

地理分布　北非、欧亚大陆、印度及中国东部；越冬于小巽他群岛。不常见留鸟。指名亚种繁殖于广西西南部、广东、贵州、湖北、长江中游地区、福建及浙江。有记录迷鸟夏季至河北。

115 凤头鹰 *Accipiter trivirgatus*

鹰形目 / ACCIPITRIFORMES 鹰科 / Accipitridae

识别特征 体大（42 cm）的强健鹰类。具短羽冠。成年雄鸟：上体灰褐，两翼及尾具横斑，下体棕色，胸部具白色纵纹，腹部及大腿白色具近黑色粗横斑，颈白，有近黑色纵纹至喉，具两道黑色髭纹。亚成鸟及雌鸟：似成年雄鸟但下体纵纹及横斑均为褐色，上体褐色较淡。飞行时两翼显得比其他的同属鹰类较为短圆。虹膜褐色至成鸟的绿黄色；嘴灰色，蜡膜黄色；腿及脚黄色。叫声：he-he-he-he-he-he 的尖厉叫声及拖长的吠声。

生活习性 栖于有密林覆盖处。繁殖期常在森林上空翱翔，同时发出响亮叫声。

地理分布 印度、中国西南、中国台湾、东南亚。区域性非罕见，见于中国中南及西南包括海南岛（indicus）及台湾（formosae）的低地森林。在香港现已常见。

116 赤腹鹰 *Accipiter soloensis*

鹰形目 / ACCIPITRIFORMES　鹰科 / Accipitridae

识别特征　中等体型（33 cm）的鹰类。下体色甚浅。成鸟：上体淡蓝灰，背部羽尖略具白色，外侧尾羽具不明显黑色横斑；下体白，胸及两胁略沾粉色，两胁具浅灰色横纹，腿上也略具横纹。成鸟翼下特征为除初级飞羽羽端黑色外，几乎全白。亚成鸟：上体褐色，尾具深色横斑，下体白，喉具纵纹，胸部及腿上具褐色横斑。虹膜红色或褐色；嘴灰色，端黑，蜡膜橘黄色；脚橘黄色。叫声：繁殖期发出一连串快速而尖厉的带鼻音笛声，音调下降。

生活习性　喜开阔林区。常追逐小鸟，也吃青蛙。通常从栖处捕食，捕食动作快，有时在上空盘旋。

地理分布　繁殖于东北亚及中国；冬季南迁至东南亚。不罕见，在整个中国南半部均有繁殖，高可至海拔 900 m。迁徙经过台湾及海南岛。

117 日本松雀鹰 *Accipiter gularis*

鹰形目 / ACCIPITRIFORMES 鹰科 / Accipitridae

识别特征 体小（27 cm）的鹰。外形甚似赤腹鹰及松雀鹰，但体型明显较小且更显威猛，尾上横斑较窄。成年雄鸟：上体深灰，尾灰并具几条深色带，胸浅棕色，腹部具非常细羽干纹，无明显的髭纹。雌鸟：上体褐色，下体少棕色但具浓密的褐色横斑。亚成鸟：胸具纵纹而非横斑，多棕色。虹膜黄（亚成鸟）至红色（成鸟）；嘴蓝灰色，端黑，蜡膜绿黄色；脚绿黄色。叫声：偶作沙哑的嚎叫。

生活习性 森林型雀鹰的特性。振翼迅速，结群迁徙。

地理分布 繁殖于古北界东部，越冬于东南亚。亚种 gularis 繁殖于中国东北各省，可能在阿尔泰山也有繁殖；冬季南迁至中国东南部北纬 32° 以南越冬。不罕见。

118 松雀鹰 *Accipiter virgatus*

鹰形目 / ACCIPITRIFORMES　鹰科 / Accipitridae

识别特征　中等体型（33 cm）的深色鹰。似凤头鹰但体型较小并缺少冠羽。成年雄鸟：上体深灰色，尾具粗横斑，下体白，两胁棕色且具褐色横斑，喉白而具黑色喉中线，有黑色髭纹。雌鸟及亚成鸟：两胁棕色少，下体多具红褐色横斑，背褐，尾褐而具深色横纹。亚成鸟胸部具纵纹。虹膜黄色；嘴黑色，蜡膜灰色；腿及脚黄色。叫声：雏鸟饥饿时发出反复哭叫声 shew-shew-shew。

生活习性　在林间静立伺机找寻爬行类或鸟类猎物。

地理分布　印度、中国南方、东南亚。亚种 affinis 为中国中部、西南部及海南岛的留鸟。nisoides 为中国东南部留鸟。fuscipectus 见于台湾。广布于海拔 300~1200 m 的多林丘陵山地，但不多见。

119 雀鹰 *Accipiter nisus*

鹰形目 / ACCIPITRIFORMES 鹰科 / Accipitridae

识别特征 中等体型（雄鸟 32 cm，雌鸟 38 cm）而翼短的鹰。雄鸟：上体褐灰，白色的下体上多具棕色横斑，尾具横带。脸颊棕色为识别特征。雌鸟：体型较大，上体褐，下体白，胸、腹部及腿上具灰褐色横斑，无喉中线，脸颊棕色较少。亚成鸟与 Accipiter 属其他鹰类的亚成鸟区别在于胸部具褐色横斑而无纵纹。虹膜艳黄色；嘴角质色，端黑；脚黄色。叫声：偶尔发出尖厉的哭叫声。

生活习性 从栖处或“伏击”飞行中捕食，喜林缘或开阔林区。

地理分布 繁殖于古北界，候鸟迁至非洲、印度、东南亚。亚种 nisosimilis 繁殖于东北各省及新疆西北部的天山，冬季南迁至中国东南部、中部以及台湾和海南岛。melaschistos 繁殖于甘肃中部以南至四川西部及西藏南部至云南北部，冬季南迁至中国西南。为常见森林鸟类。

120 苍鹰 *Accipiter gentilis*

鹰形目 / ACCIPITRIFORMES　鹰科 / Accipitridae

识别特征　体大（56 cm）而强健的鹰。无冠羽或喉中线，具白色的宽眉纹。成鸟下体白色，上具粉褐色横斑，上体青灰。幼鸟上体褐色浓重，羽缘色浅成鳞状纹，下体具偏黑色粗纵纹。虹膜，成鸟红色，幼鸟黄色；嘴角质灰色；脚黄色。叫声：幼鸟乞食时叫声为忧郁的 peee-leh。告警时发出嘎嘎叫声 kyekyekye…。

生活习性　两翼宽圆，善于飞翔，能作快速翻转扭绕。主要食物为鸽类，但也捕食可猎捕的其他鸟类及哺乳动物，如野兔。

地理分布　北美洲、欧亚区、北非。亚种 schvedowi 繁殖于中国东北的大小兴安岭及西北部的西天山；冬季南迁至长江以南越冬。khamensis 繁殖于西藏东南部、青藏高原东部山地、云南西北部、四川西部及甘肃南部，越冬在低地及云南南部。fujiyamae 越冬于台湾。albidus 越冬于中国东北部。buteoides 越冬于中国西北部的天山地区。在温带亚高山森林甚常见。

121 白腹鹞 *Circus spilonotus*

鹰形目 / ACCIPITRIFORMES 鹰科 / Accipitridae

识别特征 中等体型（50 cm）的深色鹞。雄鸟似鹊鹞雄鸟，但喉及胸黑并满布白色纵纹。雌鸟尾上覆羽褐色或有时浅色，有别于除白头鹞外的所有种类雌鹞。体羽深褐色，头顶、颈背、喉及前翼缘皮黄色；头顶及颈背具深褐色纵纹；尾具横斑；从下边看初级飞羽基部的近白色斑块上具深色粗斑。一些个体头部全皮黄色，胸具皮黄色块斑。亚成鸟似雌鸟但色深，仅头顶及颈背为皮黄色。虹膜，雄鸟黄色，雌鸟及幼鸟浅褐色；嘴灰色，脚黄色。叫声：通常不叫。

生活习性 喜开阔地，尤其是多草沼泽地带或芦苇地。擦植被优雅滑翔低掠，有时停滞空中。飞行时显沉重，不如草原鹞轻盈。

地理分布 繁殖于东亚，南迁至东南亚越冬。繁殖于中国东北，冬季南迁至北纬30° 以南越冬。于低地甚常见。

122 白尾鹞 *Circus cyaneus*

鹰形目 / ACCIPITRIFORMES　鹰科 / Accipitridae

识别特征　雄鸟：体型略大（50 cm）的灰色或褐色鹞。具显眼的白色腰部及黑色翼尖。体型比乌灰鹞大，比草原鹞也大且色彩较深。缺少乌灰鹞次级飞羽上的黑色横斑，黑色翼尖比草原鹞长。雌鸟：褐色，与乌灰鹞的区别在于领环色浅，头部色彩平淡且翼下覆羽无赤褐色横斑。与草原鹞的区别在于深色的后翼缘延伸至翼尖，次级飞羽色浅，上胸具纵纹。幼鸟与草原鹞及乌灰鹞幼鸟的区别在于两翼较短而宽，翼尖较圆钝。虹膜浅褐色，嘴灰色，脚黄色。叫声：通常无声。

生活习性　喜开阔原野、草地及农耕地。飞行比草原鹞或乌灰鹞更显缓慢而沉重。

地理分布　繁殖于全北界，冬季南迁至北非、中国南方、东南亚及婆罗洲。甚常见的季候鸟。指名亚种繁殖于新疆西部喀什地区、河北及东北各地区。

123 鹊鹞 *Circus melanoleucos*

鹰形目 / ACCIPITRIFORMES 鹰科 / Accipitridae

识别特征 体型略小（42 cm）而两翼细长的鹞。雄鸟：体羽黑、白色及灰色；头、喉及胸部黑色而无纵纹为其特征。雌鸟：上体褐色沾灰并具纵纹，腰白，尾具横斑，下体皮黄色具棕色纵纹；飞羽下面具近黑色横斑。亚成鸟：上体深褐色，尾上覆羽具苍白色横带，下体栗褐色并具黄褐色纵纹。虹膜黄色，嘴角质色，脚黄色。叫声：通常无声。

生活习性 在开阔原野、沼泽地带、芦苇地及稻田的上空低空滑翔。

地理分布 繁殖于东北亚，冬季南迁至东南亚。繁殖于中国东北，冬季南下至华南及西南。并不罕见。

124 黑鸢 *Milvus migrans*

鹰形目 / ACCIPITRIFORMES 鹰科 / Accipitridae

识别特征 中等体型（55 cm）的深褐色猛禽。浅叉型尾为本种识别特征。飞行时初级飞羽基部浅色斑与近黑色的翼尖成对照。头有时比背色浅。与黑耳鸢区别在于前额及脸颊棕色。亚成鸟头及下体具皮黄色纵纹。虹膜棕色，嘴灰色，蜡膜黄色，脚黄色。叫声：尖厉嘶叫 ewe-wir-r-r-r-r。

生活习性 喜开阔的乡村、城镇及村庄。优雅盘旋或作缓慢振翅飞行。栖于柱子、电线、建筑物或地面，在垃圾堆找食腐物。

地理分布 非洲、印度至澳大利亚。亚种 govinda 为云南西部及西藏东南部的留鸟。

125 灰脸鵟鹰 *Butastur indicus*

鹰形目 / ACCIPITRIFORMES　鹰科 / Accipitridae

识别特征　中等体型（45 cm）的偏褐色鵟鹰。颏及喉为明显白色，具黑色的顶纹及髭纹。头侧近黑；上体褐色，具近黑色的纵纹及横斑；胸褐色而具黑色细纹。下体余部具棕色横斑而有别于白眼鵟鹰。尾细长，平型。虹膜黄色，嘴灰色，蜡膜黄色，脚黄色。叫声：颤抖的 chit-kwee 声，第二音上升。

生活习性　栖于高可至海拔 1 500 m 的开阔林区。飞行缓慢沉重，喜从树上栖处捕食。

地理分布　繁殖于东北亚，越冬于东南亚。繁殖于东北各省的针叶林，经中国东部，迁徙时见于青海、长江以南及台湾。

126 普通鵟 *Buteo japonicus*

鹰形目 / ACCIPITRIFORMES 鹰科 / Accipitridae

识别特征 体型略大（55 cm）的红褐色鵟。上体深红褐色；脸侧皮黄色具近红色细纹，栗色的髭纹显著；下体偏白，上具棕色纵纹，两胁及大腿沾棕色。飞行时两翼宽而圆，初级飞羽基部具特征性白色块斑。尾近端处常具黑色横纹。在高空翱翔时两翼略呈"V"形。虹膜黄色至褐色；嘴灰色，端黑，蜡膜黄色；脚黄色。叫声：响亮的咪叫声 peeioo。

生活习性 喜开阔原野且在空中热气流上高高翱翔，在裸露树枝上歇息。飞行时常停在空中振羽。

地理分布 繁殖于古北界及喜马拉雅山脉，北方鸟至北非、印度及东南亚越冬。亚种 japonicus 繁殖于东北各省的针叶林，冬季南迁至北纬 32° 以南包括西藏东南部、海南岛及台湾。vulpinus 越冬于新疆西部天山、喀什地区及四川。甚常见，高可至海拔 3 000 m。

XII 鸮形目 STRIGIFORMES

二十二 鸱鸮科 Strigidae

127 北领角鸮 *Otus semitorques*

鸮形目 / STRIGIFORMES　鸱鸮科 / Strigidae

识别特征　体长 23 ~ 25 cm。上体呈灰色，带有深褐色细小蠕虫纹。翅深棕色。下体灰褐色，有深色条纹，羽毛有深褐色轴纹，部分有褐色细纹。尾巴呈棕灰色，带有白色的狭长条纹，并带有棕色的细小蠕纹。鸟喙呈绿色，脚呈灰色。

生活习性　栖息于低地森林、树木繁茂的平原，到海拔 900 m 的山坡。通常以昆虫和小型脊椎动物，包括啮齿动物、鸟类和爬行动物为食。巢是树洞，每窝产 4 ~ 5 枚卵。

地理分布　分布于西伯利亚东南部至日本。

128 红角鸮 *Otus sunia*

鸮形目 / STRIGIFORMES　鸱鸮科 / Strigidae

识别特征　体小（20 cm）的“有耳”型角鸮。眼黄色，体羽多纵纹。有棕色型和灰色型之分。与叫声有异的东方角鸮在分布上无重叠。虹膜黄色，嘴角质色，脚褐灰色。叫声：为深沉单调的chook声，约3 s重复一次，声似蟾鸣。雌鸟叫声较雄鸟略高。

生活习性　候鸟。纯夜行性的小型角鸮，喜有树丛的开阔原野。

地理分布　古北界西部至中东及中亚。在中国的分布极为有限。亚种pulchellus繁殖于新疆西部的天山及喀什地区。

129 雕鸮 *Bubo bubo*

鸮形目 / STRIGIFORMES 鸱鸮科 / Strigidae

识别特征 体型硕大（69 cm）的鸮类。耳羽簇长，橘黄色的眼特显形大。体羽褐色斑驳。胸部片黄，多具深褐色纵纹且每片羽毛均具褐色横斑。羽延伸至趾。虹膜橙黄色，嘴灰色，脚黄色。叫声：沉重的 poop 声。嘴叩击出嗒嗒声。

生活习性 白天看见时总是在被乌鸦及鸥类围攻。于警情中的鸟会作出两翼弯曲、头朝下低的宽宏姿态。飞行迅速。

地理分布 古北界、中东、印度次大陆。虽分布广泛但普遍稀少。栖于有林山区，营巢于岩崖，极少于地面。亚种 ussuriensis 为中国东北及华北东部的留鸟；kiautschensis 分布于华中、华东、华南及东南；tibetanus 分布于华南、东南至西藏东部、云南西北部、四川西部、青海及甘肃南部；tarimensis 为新疆南部塔里木盆地的留鸟；yenisseensis 分布于阿尔泰山；auspicabilis 分布于中国西北的天山；hemachalana 为新疆西部和西藏西部的留鸟，在青海北部及内蒙古西部也有分布。

130 领鸺鹠 *Glaucidium brodiei*

鸮形目 / STRIGIFORMES　鸱鸮科 / Strigidae

识别特征　纤小（16 cm）而多横斑，眼黄色，颈圈浅色，无耳羽簇。上体浅褐色而具橙黄色横斑；头顶灰色，具白色或皮黄色的小型“眼状斑”；喉白而满具褐色横斑；胸及腹部皮黄色，具黑色横斑；大腿及臀白色具褐色纵纹。颈背有橘黄色和黑色的假眼。虹膜黄色，嘴角质色；脚灰色。叫声：昼夜发出圆润的单一哨音 pho pho-pho pho。仿其叫声可非常容易地招引此鸟，也会引来那些围攻领鸺鹠的小型鸣禽。

生活习性　白日里发出叫声或遭受其他鸟的围攻时可见此鸟于高树。夜晚栖于高树，由凸显的栖木上出猎捕食。飞行时振翼极快。

地理分布　喜马拉雅山脉至中国南部、东南亚。常见于海拔 800 ~ 3 500 m 的各类森林。指名亚种为西藏东南部、华中、华东、西南、华南、东南和海南岛的留鸟；paradalotum 见于台湾。

131 斑头鸺鹠 *Glaucidium cuculoides*

鸮形目 / STRIGIFORMES 鸱鸮科 / Strigidae

识别特征 体小（24 cm）而遍具棕褐色横斑的鸮鸟。无耳羽簇；上体棕栗色而具赭色横斑，沿肩部有一道白色线条将上体断开；下体几全褐，具赭色横斑；臀片白，两胁栗色；白色的颏纹明显，下线为褐色和皮黄色。虹膜黄褐色，嘴偏绿而端黄，脚绿黄色。叫声：不同于其他鸮类，晨昏时发出快速的颤音，调降而音量增。另发出一种似犬叫的双哨音，音量增高且速度加快，反复重复至全音响。

生活习性 常光顾庭园、村庄、原始林及次生林。主为夜行性，但有时白天也活动。多在夜间和清晨鸣叫。

地理分布 喜马拉雅山脉、印度东北部至中国南部及东南亚。在低地及丘陵的小片林地中并不罕见。中国有 5 个亚种，austerum 在西藏东南部；rufescens 在云南西部；brugeli 在云南南部；persimilie 在海南岛；whitelyi 在华中、华南及东南等地区。偶见于山东。

132 纵纹腹小鸮 *Athene noctua*

鸮形目 / STRIGIFORMES　鸱鸮科 / Strigidae

识别特征　体小（23 cm）而无耳羽簇的鸮鸟。头顶平，眼亮黄而长凝不动。浅色的平眉及宽阔的白色髭纹使其看似狰狞。上体褐色，具白色纵纹及点斑。下体白色，具褐色杂斑及纵纹。肩上有两道白色或皮黄色的横斑。虹膜亮黄色；嘴角质黄色；脚白色，被羽。叫声：日夜作占域叫声，为拖长的上升 goooek 声。雌鸟以假嗓回以同样叫声。也发出响亮刺耳的 keeoo 或 piu 声。告警时作尖厉的 kyitt、kyitt 叫声。

生活习性　部分地昼行性。矮胖而好奇，常神经质地点头或转动。有时以长腿高高站起。快速振翅作波状飞行。常立于篱笆及电线上。能徘徊飞行。

地理分布　西古北界、中东、东北非、中亚至中国东北。常见留鸟，广布于中国北方及西部的大多数地区，高可至海拔 4 600 m。亚种 orientalis 分布于新疆西部的喀什及天山地区；ludlowi 分布于西藏西部、南部及东部；impasta 分布于青海、甘肃及四川，plumipes 由甘肃西南部以东至山东，北至大兴安岭。

133 日本鹰鸮 *Ninox japonica*

鸮形目 / STRIGIFORMES 鸱鸮科 / Strigidae

识别特征 夜行猛禽。全长 30 cm 左右，无明显的脸盘和领翎，眼先具黑须。眼大，深色，似鹰，故名。喙坚强而钩曲。嘴基蜡膜为硬须掩盖。翅的外形不一，第五枚次级飞羽缺。尾短圆，尾羽 12 枚。脚强健有力，常全部被羽，第四趾能向后反转，以利攀缘。爪大而锐。尾脂腺裸出。无副羽。耳孔周缘具耳羽，有助于夜间分辨声响与夜间定位。

生活习性 栖息于山地阔叶林、落叶林、针叶林和混交林地，以及树木繁茂的公园和花园。从海平面到海拔 1 700 m。迁徙。喜欢在夜间和晨昏活动，飞行迅捷无声，营巢于树洞或岩隙中。雏鸟晚成性。捕食昆虫、小鼠和小鸟等。

地理分布 分布于日本、俄罗斯东部、朝鲜、韩国、中国北部和中部。一个亚种是迁徙的，在印度尼西亚和菲律宾度过非繁殖季节。

134 长耳鸮 *Asio otus*

鸮形目 / STRIGIFORMES　鸱鸮科 / Strigidae

识别特征　中等体型（36 cm）的鸮鸟。皮黄色圆形面庞缘以褐色及白色，具两只长长的“耳朵”（通常不可见）。眼红黄色，显呆滞。嘴以上的面庞中央部位具明显白色“X”图形。上体褐色，具暗色块斑及皮黄色和白色的点斑。下体皮黄色，具棕色杂纹及褐色纵纹或斑块。与短耳鸮的区别在于耳羽簇较长；脸上白色的“X”图纹较明显；下胸及腹部细纹较少；飞行时翼端较细及褐色较浓，且翼下白色较少。虹膜橙黄色，嘴角质灰色，脚偏粉色。叫声：雄鸟发出含糊的 ooh 叫声，约 2 s 一次。雌鸟回以轻松的鼻音 paah。告警叫声为 kwek、kwek。雏鸟乞食时发出悠长而哀伤的 peee-e 声。

生活习性　营巢于针叶林中的乌鸦巢穴。夜行性。两翼长而窄，飞行从容，振翼如鸥。

地理分布　全北界。中国北方的常见留鸟和季节性候鸟。指名亚种为新疆西部喀什地区及天山的留鸟，又见繁殖于内蒙古东部及东北部、青海南部、甘肃南部和东北。迁徙途经中国大部地区，越冬于华南及东南的沿海省份及台湾，也有的沿大河流越冬。

135 短耳鸮 *Asio flammeus*

鸮形目 / STRIGIFORMES　鸱鸮科 / Strigidae

识别特征　中等体型（38 cm）的黄褐色鸮鸟。翼长，面庞显著，耳羽簇短小，野外不可见，眼为光艳的黄色，眼圈暗色。上体黄褐色，满布黑色和皮黄色纵纹；下体皮黄色，具深褐色纵纹。飞行时黑色的腕斑显而易见。虹膜黄色，嘴深灰，脚偏白。叫声：飞行时发出 kee-aw 吠声，似打喷嚏。

生活习性　喜有草的开阔地。

地理分布　全北界及南美洲，在东南亚为冬候鸟。不常见的季节性候鸟。指名亚种繁殖于中国东北，越冬时见于中国海拔 1 500 m 以下的大部分湿润地区。

XIII 犀鸟目 BUCEROTIFORMES

二十三 戴胜科 Upupidae

136 戴胜 *Upupa epops*

犀鸟目 / BUCEROTIFORMES　戴胜科 / Upupidae

识别特征　中等体型（30 cm）、色彩鲜明的鸟类。具长而尖黑的耸立型粉棕色丝状冠羽。头、上背、肩及下体粉棕色，两翼及尾具黑白相间的条纹。嘴长且下弯。指名亚种冠羽黑色，羽尖下具次端白色斑。虹膜褐色，嘴黑色，脚黑色。叫声：低柔的单音调 hoop-hoop hoop，同时作上下点头的演示。繁殖季节雄鸟偶有银铃般悦耳叫声。

生活习性　性活泼，喜开阔潮湿地面，长长的嘴在地面翻动寻找食物。有警情时冠羽立起，起飞后松懈下来。

地理分布　非洲、欧亚大陆、中南半岛。常见留鸟和候鸟。在中国绝大部分地区有分布，高可至海拔 3 000 m。指名亚种为候鸟，可能繁殖于新疆西部；longirostris 为云南南部、广西及海南岛的留鸟；saturata 繁殖于中国其余地区及新疆南部，北方鸟冬季南下至长江以南越冬，偶见于台湾。

XIV 佛法僧目 CORACIIFORMES

二十四 蜂虎科 Meropidae

137 蓝喉蜂虎 *Merops viridis*

佛法僧目 / CORACIIFORMES 蜂虎科 / Meropidae

识别特征 中等体型（28 cm，包括延长的中央尾羽）的偏蓝色蜂虎。成鸟：头顶及上背巧克力色，过眼线黑色，翼蓝绿色，腰及长尾浅蓝色，下体浅绿色，以蓝喉为特征。亚成鸟尾羽无延长，头及上背绿色。虹膜红色或褐色，嘴黑色，脚灰色或褐色。叫声：飞行时发出 kerik-kerik-kerik 的快速颤音。

生活习性 喜近海低洼处的开阔原野及林地。繁殖期群鸟聚于多沙地带。较蓝喉蜂虎少飞行或滑翔，宁待在栖木上等待过往昆虫。偶从水面或地面拾食昆虫。

地理分布 中国南部、东南亚。指名亚种为夏季繁殖于中国湖北及长江以南的不常见鸟。在海南岛为留鸟。

二十五 佛法僧科 Coraciidae

138 三宝鸟 *Eurystomus orientalis*

佛法僧目 / CORACIIFORMES　佛法僧科 / Coraciidae

识别特征　中等体型（30 cm）的深色佛法僧。具宽阔的红嘴（亚成鸟为黑色）。整体色彩为暗蓝灰色，但喉为亮丽蓝色。飞行时两翼中心有对称的亮蓝色圆圈状斑块。虹膜褐色；嘴珊瑚红色，端黑；脚橘黄色 / 红色。叫声：飞行或停于枝头时作粗声粗气的 kreck-kreck 叫声。

生活习性　常栖于近林开阔地的枯树上，偶尔起飞追捕过往昆虫，或向下俯冲捕捉地面昆虫。飞行姿势似夜鹰，怪异、笨重，胡乱盘旋或拍打双翅。三两只鸟有时于黄昏一道翻飞或俯冲，求偶期尤是。有时遭成群小鸟的围攻，因其头和嘴看似猛禽。

地理分布　广泛分布于东亚、东南亚和澳大利亚。分布广泛但并不常见，多见于林缘地带，高至海拔 1 200 m。亚种 calonyx 繁殖于中国的东北直至西南及海南岛，偶见于台湾。北方的鸟南迁越冬，南方鸟为留鸟。亚种 cyanicollis 见于西藏东南部。

二十六 翠鸟科 Alcedinidae

139 蓝翡翠 *Halcyon pileata*

佛法僧目 / CORACIIFORMES　翠鸟科 / Alcedinidae

识别特征　体大（30 cm）的蓝色、白色及黑色翡翠鸟。以头黑为特征。翼上覆羽黑色，上体其余为亮丽华贵的蓝色 / 紫色。两胁及臀沾棕色。飞行时白色翼斑显见。虹膜深褐色，嘴红色，脚红色。叫声：受惊时尖声大叫。

生活习性　喜大河流两岸、河口及红树林。栖于悬于河上的枝头。较白胸翡翠更为河上鸟。

地理分布　繁殖于中国及朝鲜，南迁越冬远至印度尼西亚。繁殖及过夏于华东、华中及华南从辽宁至甘肃的大部地区以及东南部包括海南岛。在台湾为迷鸟。在海拔 600 m 以下的清澈河流边并不罕见。北方种群南迁越冬。

140 白胸翡翠 *Halcyon smyrnensis*

佛法僧目 / CORACIIFORMES　翠鸟科 / Alcedinidae

识别特征　体略大（27 cm）的蓝色及褐色翡翠鸟。颏、喉及胸部白色；头、颈及下体余部褐色；上背、翼及尾蓝色鲜亮如闪光（晨光中看似青绿色）；翼上覆羽，上部及翼端黑色。虹膜深褐色，嘴深红色，脚红色。叫声：飞行或栖立时发出响亮的 kee kee kee kee 尖叫声，也作沙哑的 chewer chewer chewer 声。

生活习性　性活泼而喧闹，捕食于旷野、河流、池塘及海边。

地理分布　中东、印度、中国、东南亚。于中国北纬 28° 以南包括海南岛在内的大部地区为相当常见的留鸟，可至海拔 1 200 m。在台湾为迷鸟。

141 普通翠鸟 *Alcedo atthis*

佛法僧目 / CORACIIFORMES　翠鸟科 / Alcedinidae

识别特征　体小（15 cm）、具亮蓝色及棕色的翠鸟。上体金属浅蓝绿色，颈侧具白色点斑；下体橙棕色，颏白。幼鸟色暗淡，具深色胸带。橘黄色条带横贯眼部及耳羽为本种区别于蓝耳翠鸟及斑头大翠鸟的识别特征。虹膜褐色；嘴黑色（雄鸟），下颚橘黄色（雌鸟）；脚红色。叫声：拖长音的尖叫声 tea-cher。

生活习性　常出没于开阔郊野的淡水湖泊、溪流、运河、鱼塘及红树林。栖于岩石或探出的枝头上，转头四顾寻鱼而入水捉之。

地理分布　广泛分布于欧亚大陆、东南亚。指名亚种繁殖于天山，在西藏西部较低海拔处越冬。亚种 bengalensis 为常见留鸟，分布于中国包括海南及台湾的东北、华东、华中、华南及西南地区，高可至海拔 1 500 m。

142 冠鱼狗 *Megaceryle lugubris*

佛法僧目 / CORACIIFORMES 翠鸟科 / Alcedinidae

识别特征 体型非常大（41 cm）的鱼狗。冠羽发达，上体青黑并多具白色横斑和点斑，蓬起的冠羽也如是。大块的白斑由颊区延至颈侧，下有黑色髭纹。下体白色，具黑色的胸部斑纹，两胁具皮黄色横斑。雄鸟翼线白色，雌鸟黄棕色。虹膜褐色，嘴黑色，脚黑色。叫声：飞行时作尖厉刺耳的 aeek 叫声。

生活习性 常光顾流速快、多砾石的清澈河流及溪流。栖于大块岩石。飞行慢而有力且不盘飞。

地理分布 喜马拉雅山脉及印度北部山麓地带，中南半岛北部，中国的南部及东部。M. l.guttulata 为偶见留鸟，分布于华中、华东及华南的整个地区，包括海南岛，高可至海拔 2 000 m。M. l. lugubris 为中国东北辽宁的不罕见鸟种。

143 斑鱼狗 *Ceryle rudis*

佛法僧目 / CORACIIFORMES　翠鸟科 / Alcedinidae

识别特征　中等体型（27 cm）的黑白色鱼狗。与冠鱼狗的区别在于体型较小，冠羽较小，具显眼白色眉纹。上体黑而多具白点。初级飞羽及尾羽基白而稍黑。下体白色，上胸具黑色的宽阔条带，其下具狭窄的黑斑。雌鸟胸带不如雄鸟宽。虹膜褐色，嘴黑色，脚黑色。叫声：尖厉的哨声。

生活习性　成对或结群活动于较大水体及红树林，喜嘈杂。唯一常盘桓水面寻食的鱼狗。

地理分布　印度东北部、斯里兰卡、缅甸、中国、中南半岛及菲律宾。亚种 insignis 为甚常见留鸟，于中国东南部和海南岛的湖泊及池塘。亚种 leucomelanura 为云南西部及南部的偶见留鸟，可能也会出现于西藏东南部。

XV 啄木鸟目 PICIFORMES

二十七 啄木鸟科 Picidae

144 蚁䴕 *Jynx torquilla torquilla*

啄木鸟目 / PICIFORMES　啄木鸟科 / Picidae

识别特征　体小（17 cm）的灰褐色啄木鸟。特征为体羽斑驳杂乱，下体具小横斑。嘴相对形短，呈圆锥形。就啄木鸟而言，其尾较长，具不明显的横斑。虹膜淡褐色，嘴角质色，脚褐色。叫声：一连串响亮带鼻音的 teee-teee-teee-teee 声，似红隼。雏鸟乞食时发出高音的 tixixixixix…叫声。

生活习性　不同于其他啄木鸟，蚁䴕栖于树枝而不攀树，也不錾啄树干取食。人近时做头部往两侧扭动的动作（因而得其英文名）。通常单独活动。取食地面蚂蚁。喜灌丛。

地理分布　非洲、欧亚、印度、东南亚、中国。地方性常见。亚种 chinensis 繁殖于华中、华北及东北，在华南、东南、海南及台湾越冬。指名亚种迁徙时经由中国西北（可能在天山越冬），亚种 himalayana 越冬于西藏东南部。

145 斑姬啄木鸟 *Picumnus innominatus*

啄木鸟目 / PICIFORMES 啄木鸟科 / Picidae

识别特征 纤小（10 cm）、橄榄色背的似山雀型啄木鸟。特征为下体多具黑点，脸及尾部具黑白色纹。雄鸟前额橘黄色。虹膜红色，嘴近黑，脚灰色。叫声：反复的尖厉 tsit 声，告警时发出似拨浪鼓的声音。

生活习性 栖于热带低山混合林的枯树或树枝上，尤喜竹林。觅食时持续发出轻微的叩击声。

地理分布 喜马拉雅山脉至中国南部、东南亚。指名亚种分布在西藏东南部；chinensis 为留鸟，见于华中、华东、华南及东南的大部地区；亚种 malayorum 见于云南西部及南部。不常见，生活于常绿阔叶林，可至海拔 1 200 m。

146 棕腹啄木鸟 *Dendrocopos hyperythrus*

啄木鸟目 / PICIFORMES　啄木鸟科 / Picidae

识别特征　中等体型（20 cm）、色彩浓艳的啄木鸟。背、两翼及尾黑，上具成排的白点；头侧及下体浓赤褐色为本种识别特征；臀红色。雄鸟顶冠及枕红色。雌鸟顶冠黑而具白点。亚种 marshalli 枕部红色延至耳羽后；指名亚种较其他两亚种下体多黄棕色。虹膜褐色，嘴灰而端黑，脚灰色。叫声：拉长的断音节 kii-i-i-i-i-i-i 连叫，越来越弱至结束；似大金背啄木鸟但较弱。雄雌两性均錾木有声。

生活习性　喜针叶林或混交林。

地理分布　喜马拉雅山脉、中国及东南亚。罕见。亚种 marshalli 繁殖于西藏西部；指名亚种见于西藏东南部至四川和云南的西北部、西部及南部，在海拔 1 500 ～ 4 300 m 作垂直迁移。亚种 subrufinus 繁殖于黑龙江中海拔地带，经中国东部至华南地区越冬。

147 大斑啄木鸟 *Dendrocopos major*

啄木鸟目 / PICIFORMES 啄木鸟科 / Picidae

识别特征 体型中等（24 cm）的常见型黑白相间的啄木鸟。雄鸟枕部具狭窄红色带而雌鸟无。两性臀部均为红色，但带黑色纵纹的近白色胸部上无红色或橙红色，以此有别于相近的赤胸啄木鸟及棕腹啄木鸟。虹膜近红，嘴灰色，脚灰色。叫声：錾木声响亮，并有刺耳尖叫声。

生活习性 典型的本属特性，錾树洞营巢，吃食昆虫及树皮下的蛴螬。

地理分布 欧亚大陆的温带林区，印度东北部，缅甸西部、北部及东部，中南半岛北部。在中国为分布最广泛的啄木鸟。见于整个温带林区、农作区及城市园林。共记述有 9 个亚种：tianshanicus 见于中国西北；brevirostis 繁殖于中国东北的大兴安岭，越冬于小兴安岭及东北平原；wulashanicus 见于宁夏的贺兰山和内蒙古的乌拉山及陕西北部；japonicus 见于辽宁、吉林及内蒙古东部；cabanisi 见于华北东部；beicki 见于华中北部，stresemanni 见于中南及西南；mandarinus 见于华南及东南；hainanus 见于海南岛。

148 星头啄木鸟 *Picoides canicapillus*

啄木鸟目 / PICIFORMES　啄木鸟科 / Picidae

识别特征　体小（15 cm）具黑白色条纹的啄木鸟。下体无红色，头顶灰色；雄鸟眼后上方具红色条纹，近黑色条纹的腹部棕黄色。亚种 nagamichii 少白色肩斑，omissus、nagamichii 及 scintilliceps 背白具黑斑。虹膜淡褐色，嘴灰色，脚绿灰色。叫声：尖厉的 ki ki ki ki rrr…颤音。

生活习性　喜落叶林、混交林、亚高山桦木林及果园。

地理分布　巴基斯坦、中国、东南亚。分布广泛但并不常见，见于各类型的林地，可至海拔 2 000 m。亚种 doerriesi 为中国东北的留鸟；scintilliceps 见于辽宁及华东；nagamichii 见于华南及东南部；szetschuanensis 见于华中；omissus 见于西南；obscurus 见于云南南部；semicoronatus 见于西藏东南部；swinhoei 见于海南；kaleensis 见于台湾。

149 灰头绿啄木鸟 *Picus canus guerini*

啄木鸟目 / PICIFORMES 啄木鸟科 / Picidae

识别特征 中等体型（27 cm）的绿啄木鸟。识别特征为下体全灰，颊及喉亦灰。雄鸟前顶冠猩红色，眼先及狭窄颊纹黑色。枕及尾黑色。雌鸟顶冠灰色而无红斑。嘴相对短而钝。诸多亚种大小及色彩各异。雌性 sobrinus 头顶及枕黑色。雌性 tancolo 及 kogo 顶后及枕部具黑色条纹。虹膜红褐色，嘴近灰色，脚蓝灰色。叫声：似绿啄木鸟的朗声大叫但声较轻细，尾音稍缓。告警叫声为焦虑不安的重复 kya 声。常有响亮快速、持续至少 1 s 的錾木声。

生活习性 怯生谨慎。常活动于小片林地及林缘，亦见于大片林地。有时下至地面寻食蚂蚁。

地理分布 欧亚大陆、印度、中国、东南亚。并不常见，但广泛分布于各类林地甚或城市园林。中国记有 10 个亚种：biedermanni 见于新疆西北部阿尔泰山；jessoensis 见于东北；zimmermanni 见于华北东部；guerini 遍及北方其他地区；sobrinus 见于东南部；hainanus 见于海南岛；tancolo 见于台湾；sordidor 见于西藏东南部及西南；hessei 见于云南南部的西双版纳南部；kogo 见于西藏东部及青海。

XVI 隼形目 FALCONIFORMES

二十八 隼科 Falconidae

150 红隼 *Falco tinnunculus*

隼形目 / FALCONIFORMES　隼科 / Falconidae

识别特征　体小（33 cm）的赤褐色隼。雄鸟头顶及颈背灰色，尾蓝灰无横斑，上体赤褐色略具黑色横斑，下体皮黄色而具黑色纵纹。雌鸟：体型略大，上体全褐，比雄鸟少赤褐色而多粗横斑。亚成鸟：似雌鸟，但纵纹较重。与黄爪隼区别在于尾呈圆形，体型较大，具髭纹，雄鸟背上具点斑，下体纵纹较多，脸颊色浅。虹膜褐色；嘴灰而端黑，蜡膜黄色；脚黄色。叫声：刺耳高叫声 yak yak yak yak yak。

生活习性　在空中特别优雅，捕食时懒懒地盘旋或斯文不动地停在空中。猛扑猎物，常从地面捕捉猎物。停栖在柱子或枯树上。喜开阔原野。

地理分布　非洲、古北界、印度及中国，越冬于东南亚。甚常见留鸟及季候鸟，指名亚种繁殖于中国东北及西北；interstinctus 为留鸟，除干旱沙漠外遍及各地。北方鸟冬季南迁至中国南方、海南岛及台湾越冬。

151 红脚隼 *Falco amurensis*

隼形目 / FALCONIFORMES 隼科 / Falconidae

识别特征 体小（30 cm）的灰色隼。臀部棕色。似阿穆尔隼但翼下覆羽及腋羽暗灰而非白色。雌鸟与阿穆尔隼区别甚大，上体偏褐色，头顶棕红色，下体具稀疏的黑色纵纹。眼区近黑，颏、眼下斑块及领环偏白。两翼及尾灰色，尾下具横斑。翼下覆羽褐色。幼鸟下体偏白而具粗大纵纹，翼下黑色横斑均匀，眼下的黑色条纹似燕隼。虹膜褐色；嘴灰色，蜡膜橙红；脚橙红色。叫声：高音的叫声 ki-ki-ki，也有尖厉的 keewi-keewi 声。

生活习性 同阿穆尔隼。常结群营巢。停于空中振翼。黄昏后有时结群捕食昆虫似燕鸻。

地理分布 东欧至西伯利亚西部。在中国罕见。繁殖于新疆西北部乌伦古河河谷。

152 燕隼 *Falco subbuteo*

隼形目 / FALCONIFORMES　隼科 / Falconidae

识别特征　体小（30 cm）的黑白色隼。翼长，腿及臀棕色，上体深灰，胸乳白而具黑色纵纹。雌鸟体型比雄鸟大而多褐色，腿及尾下覆羽细纹较多。与猛隼的区别在于胸偏白。虹膜褐色；嘴灰色，蜡膜黄色；脚黄色。叫声：重复尖厉的 kick 叫声。

生活习性　于飞行中捕捉昆虫及鸟类，飞行迅速，喜开阔地及有林地带，高可至海拔 2 000 m。

地理分布　非洲、古北界、喜马拉雅山脉、中国及缅甸，南迁越冬。地区性非罕见的留鸟及季候鸟。指名亚种繁殖于中国北方及西藏，越冬于西藏南部；streichi 为繁殖鸟或夏候鸟，分布于中国北纬 32° 以南；有时在广东及台湾越冬。

153 游隼 *Falco peregrinus*

隼形目 / FALCONIFORMES　隼科 / Falconidae

识别特征　体大（45 cm）而强壮的深色隼。成鸟：头顶及脸颊近黑或具黑色条纹；上体深灰，具黑色点斑及横纹；下体白，胸具黑色纵纹，腹部、腿及尾下多具黑色横斑。雌鸟比雄鸟体大。亚成鸟：褐色浓重，腹部具纵纹。各亚种在深色部位上有异。亚种 peregrinator 自眼往下具垂直斑块而非髭纹，脸颊白色较少，下体横纹较细。虹膜黑色；嘴灰色，蜡膜黄色；腿及脚黄色。叫声：繁殖期发出尖厉的 kek-kek-kek-kek 叫声。

生活习性　常成对活动。飞行甚快，并从高空螺旋而下猛扑猎物。为世界上飞行最快的鸟种之一，有时作特技飞行。在悬崖上筑巢。

地理分布　世界各地。不常见留鸟及季候鸟。亚种 calidus 迁徙经中国东北及华东，越冬于中国南方、海南岛及台湾；japonensis 越冬于中国东南部；peregrinator 为长江以南多数地区的留鸟。

XVII 雀形目 PASSERIFORMES

二十九 黄鹂科 Oriolidae

154 黑枕黄鹂 *Oriolus chinensis*

雀形目 / PASSERIFORMES　黄鹂科 / Oriolidae

识别特征　中等体型（26 cm）的黄色及黑色鹂。过眼纹及颈背黑色，飞羽多为黑色。雄鸟体羽余部艳黄色。与细嘴黄鹂的区别在于嘴较粗，颈背的黑带较宽。雌鸟色较暗淡，背橄榄黄色。亚成鸟背部橄榄色，下体近白而具黑色纵纹。虹膜红色，嘴粉红色，脚近黑。叫声：清澈如流水般的笛音 lwee wee wee-leeow，有多种变化。也作甚粗哑的似责骂叫声及平稳哀婉的轻哨音。

生活习性　栖于开阔林、人工林、园林、村庄及红树林。成对或以家族为群活动。常留在树上，但有时下至低处捕食昆虫。飞行呈波状，振翼幅度大，缓慢而有力。

地理分布　印度、中国、东南亚。北方鸟南迁越冬。亚种 diffusus 分布于中国东半部包括海南岛及台湾。地区性常见，高可至海拔 1 600 m。

三十 山椒鸟科Campephagidae

155 暗灰鹃鵙 *Lalage melaschistos*

雀形目 / PASSERIFORMES 山椒鸟科 / Campephagidae

识别特征 中等体型（23 cm）的灰色及黑色的鹃鵙。雄鸟青灰色，两翼亮黑，尾下覆羽白色，尾羽黑色，三枚外侧尾羽的羽尖白色。雌鸟似雄鸟，但色浅，下体及耳羽具白色横斑，白色眼圈不完整，翼下通常具一小块白斑。虹膜红褐色，嘴黑色，脚铅蓝色。叫声：鸣声为三或四个缓慢而有节奏的下降笛音wii wii jeeow jeeow。

生活习性 栖于甚开阔的林地及竹林。冬季从山区森林下移越冬。

地理分布 喜马拉雅山脉、中国台湾和海南岛、东南亚。罕见至地区性常见于低地及高至海拔2 000 m的山区。指名亚种为留鸟，见于西藏东南部至云南西北部；avensis见于中国西南；intermedia见于华中、东南及华南，有些北方鸟冬季南下至云南、华南及台湾越冬；saturata为留鸟，见于海南岛。

156 小灰山椒鸟 *Pericrocotus cantonensis*

雀形目 / PASSERIFORMES　山椒鸟科 / Campephagidae

识别特征　体小（18 cm）的黑、灰色及白色山椒鸟。前额明显白色，与灰山椒鸟的区别在于腰及尾上覆羽浅皮黄色，颈背灰色较浓，通常具醒目的白色翼斑。雌鸟似雄鸟，但褐色较浓，有时无白色翼斑。虹膜褐色，嘴黑色，脚黑色。叫声：颤音似灰山椒鸟。

生活习性　冬季形成较大群。栖于高至海拔 1 500 m 的落叶林及常绿林。

地理分布　繁殖于华中、华南及华东，于东南亚越冬。全球性近危（Collar et al., 1994）。地方性常见留鸟，见于华中、华东及东南地区，迁徙时经过华南及东南。

157 灰山椒鸟 *Pericrocotus divaricatus*

雀形目 / PASSERIFORMES　山椒鸟科 / Campephagidae

识别特征　体型略小（20 cm）的山椒鸟。特征为体羽黑、灰色及白色。与小灰山椒鸟的区别在于眼先黑色。与鹃鵙的区别在于下体白色，腰灰。雄鸟：顶冠、过眼纹及飞羽黑色，上体余部灰色，下体白。雌鸟：色浅而多灰色。虹膜褐色，嘴及脚黑色。叫声：飞行时发出金属般颤音。

生活习性　在树层中捕食昆虫。飞行时不如其他色彩艳丽的山椒鸟易见。可形成多至 15 只鸟的小群。

地理分布　东北亚及中国东部。冬季往南至东南亚。指名亚种繁殖于黑龙江的小兴安岭，于台湾可能也有繁殖。迁徙时见于华东及华南。罕见于高至海拔 900 m 的落叶林地及林缘。

三十一　卷尾科 Dicruridae

158　黑卷尾 *Dicrurus macrocercus*

雀形目 / PASSERIFORMES　卷尾科 / Dicruridae

识别特征　中等体型（30 cm）的蓝黑色而具辉光的卷尾。嘴小，尾长而叉深，在风中常上举成一奇特角度。亚成鸟下体下部具近白色横纹。台湾亚种 harterti 的尾较短。虹膜红色，嘴及脚黑色。叫声：多变，为 hee-luu-luu、eluu-wee-weet 或 hoke-chok-wak-we-wak 声。

生活习性　栖于开阔地区，常立在小树树枝或电线上。

地理分布　伊朗至印度、中国、东南亚。常见的繁殖候鸟及留鸟，见于开阔原野低处，偶尔上至海拔 1 600 m。亚种 albirictus 见于西藏东南部；亚种 harterti 为台湾的留鸟。迁徙鸟中亚种 cathoecus 繁殖于吉林南部及黑龙江南部至华东、华中并青海、西南、海南岛及华南；迁徙经中国东南地区。

159 灰卷尾 *Dicrurus leucophaeus*

雀形目 / PASSERIFORMES 卷尾科 / Dicruridae

识别特征 中等体型（28 cm）的灰色卷尾。脸偏白，尾长而深开叉。各亚种色度不同。亚种 leucogenis 色较浅，hopwoodi 较其他亚种色深，salangensis 眼先黑色，hopwoodi 脸无浅色块。虹膜橙红色，嘴灰黑色，脚黑色。叫声：清晰嘹亮的鸣声 huur-uur-cheluu 或 wee-peet、wee-peet。另有咪咪叫声及模仿其他鸟的叫声，据称有时在夜里作叫。

生活习性 成对活动，立于林间空地的裸露树枝或藤条上，捕食过往昆虫，攀高捕捉飞蛾或俯冲捕捉飞行中的猎物。

地理分布 阿富汗至中国、东南亚。常见留鸟及季候鸟，分布在海拔 600 ~ 2 500 m 的丘陵和山区开阔林地及林缘，但在云南可高至近 4 000 m。亚种 leucogenis 分布于吉林及黑龙江南部至华东、东南；salangensis 分布于华中及华南，越冬于海南岛；hopwoodi 分布于西南及西藏南部；innexus 为留鸟，分布于海南岛。

160 发冠卷尾 *Dicrurus hottentottus*

雀形目 / PASSERIFORMES 卷尾科 / Dicruridae

识别特征 体型略大（32 cm）的黑天鹅绒色卷尾。头具细长羽冠，体羽斑点闪烁。尾长而分叉，外侧羽端钝而上翘形似竖琴。指名亚种嘴较厚重。虹膜红色或白色，嘴及脚黑色。叫声：悦耳嘹亮的鸣声，偶有粗哑刺耳叫声。

生活习性 喜森林开阔处，有时（尤其晨昏）聚集一起鸣唱并在空中捕捉昆虫，甚吵嚷。从低栖处捕食昆虫，常与其他种类混群并跟随猴子捕食被它们惊起的昆虫。

地理分布 印度、中国、东南亚。亚种 brevirostris 繁殖于华中、华东及台湾；冬季北方鸟南迁越冬。指名亚种繁殖于西藏东南部及云南西部；常见于低地及山麓林，尤其在较干燥的地区。

三十二 王鹟科 Monarchidae

161 寿带 *Terpsiphone incei*

雀形目 / PASSERIFORMES 王鹟科 / Monarchidae

识别特征 中等体型（22 cm，雄鸟计尾长再加 20 cm），有两种色型，头闪辉黑色，冠羽显著。雄鸟易辨，一对中央尾羽在尾后特形延长，可达 25 cm。雄鸟具两种色型，均不同于紫寿带：上体赤褐色，下体近灰。亚种 saturatior 及 indochinensis 的雄鸟赤褐色，仅头顶为闪辉黑色；indochinensis 的赤褐色较多；saturatior 具橄榄色羽冠；白色型的 saturatior 上体多黑色纵纹；大多数 saturatior 的雄鸟为白色型；incei 的白色型不到一半而 indochinensis 几乎无白色型。雌鸟棕褐色，头闪辉黑色，但尾羽无延长。虹膜褐色；眼周裸露皮肤蓝色；嘴蓝色，嘴端黑色；脚蓝色。叫声：发出笛声及甚响亮的 chee-tew 联络叫声，似黑枕王鹟叫声但较强烈。

生活习性 白色的雄鸟飞行时显而易见。通常从森林较低层的栖处捕食，常与其他种类混群。

地理分布 土耳其、印度、中国、东南亚。亚种 incei 繁殖于华北、华中、华南及东南的大部地区；saturatior 为冬候鸟见于广东和云南南部及西部；indochinensis 繁殖于云南南部。一般甚常见于低地林，地区性高可至海拔 1 200 m。

三十三 伯劳科 Laniidae

162 虎纹伯劳 *Lanius tigrinus*

雀形目 / PASSERIFORMES　伯劳科 / Laniidae

识别特征　中等体型（19 cm）、背部棕色的伯劳。较红尾伯劳明显嘴厚、尾短而眼大。雄鸟：顶冠及颈背灰色；背、两翼及尾浓栗色而多具黑色横斑；过眼线宽且黑；下体白，两胁具褐色横斑。雌鸟：似雄鸟但眼先及眉纹色浅。亚成鸟为较暗的褐色，眼纹黑色具模糊的横斑；眉纹色浅；下体皮黄色，腹部及两胁的横斑较红尾伯劳为粗。虹膜褐色；嘴蓝色，端黑；脚灰色。叫声：粗哑似喘息的吱吱叫声，如红尾伯劳。

生活习性　典型的伯劳习性，喜在多林地带，通常在林缘突出树枝上捕食昆虫。不如红尾伯劳显眼，多藏身于林中。

地理分布　中国及日本，冬季南迁至马来半岛。繁殖于吉林、河北至华中及华东，冬季南迁。甚常见于高至海拔 900 m 处。

163 牛头伯劳 *Lanius bucephalus*

雀形目 / PASSERIFORMES 伯劳科 / Laniidae

识别特征 中等体型（19 cm）的褐色伯劳。头顶褐色，尾端白色。飞行时初级飞羽基部的白色块斑明显。雄鸟：过眼纹黑色，眉纹白色，背灰褐色。下体偏白而略具黑色横斑（亚种 sicarius 横斑较重），两胁沾棕。雌鸟：褐色较重，与雌红尾伯劳的区别为具棕褐色耳羽，夏季色较淡而较少赤褐色。虹膜深褐色；嘴灰色，端黑；脚铅灰色。叫声：粗哑似喘息的叫声，似沼泽大苇莺；吱吱的 ju ju ju 或 gi gi gi 声及模仿其他鸟的叫声。

生活习性 喜次生植被及耕地。

地理分布 东北亚、中国东部。甚常见留鸟。指名亚种繁殖于中国东北自黑龙江南部至辽宁、河北及山东，冬季南迁至华南、华东及台湾。山区亚种 sicarius 仅限于甘肃的极南部。迷鸟至台湾。

164 红尾伯劳 *Lanius cristatus*

雀形目 / PASSERIFORMES　伯劳科 / Laniidae

识别特征　中等体型（20 cm）的淡褐色伯劳。喉白。成鸟：前额灰，眉纹白，宽宽的眼罩黑色，头顶及上体褐色，下体皮黄色。亚种 superciliosus 上体多灰色而具灰色顶冠；亚种 lucionensis 和 confusus 的额偏白。亚成鸟：似成鸟但背及体侧具深褐色细小的鳞状斑纹。黑色眉毛使其有别于虎纹伯劳的亚成鸟。虹膜褐色，嘴黑色，脚灰黑色。叫声：冬季通常无声。繁殖期发出 cheh-cheh-cheh 的叫声及鸣声。

生活习性　喜开阔耕地及次生林，包括庭院及人工林。单独栖于灌丛、电线及小树上，捕食飞行中的昆虫或猛扑地面上的昆虫和小动物。

地理分布　繁殖于东亚；冬季南迁至印度、东南亚。一般性常见，高可至海拔 1 500 m。亚种 confusus 繁殖于黑龙江，迁徙经中国东部；lucionensis 繁殖于吉林、辽宁及华北、华中和华东；冬季南迁，有些鸟在中国南方、海南岛及台湾越冬。指名亚种为冬候鸟，迁徙经中国东部的大多地区；superciliosus 冬季南迁至云南、华南及海南岛越冬。

165 棕背伯劳 *Lanius schach*

雀形目 / PASSERIFORMES 伯劳科 / Laniidae

识别特征 体型略大（25 cm）而尾长的棕、黑色及白色伯劳。成鸟：额、眼纹、两翼及尾黑色，翼有一白色斑；头顶及颈背灰色或灰黑色；背、腰及体侧红褐色；颏、喉、胸及腹中心部位白色。头及背部黑色的扩展随亚种而有不同。亚成鸟：色较暗，两肋及背具横斑，头及颈背灰色较重。深色型的“暗黑色伯劳”在广东并不罕见，也偶见于分布区内其他地方。虹膜褐色，嘴及脚黑色。叫声：粗哑刺耳的尖叫 terrr 声及颤抖的鸣声，有时模仿其他鸟的叫声。

生活习性 喜草地、灌丛、茶林、丁香林及其他开阔地。立于低树枝，猛然飞出捕食飞行中的昆虫，常猛扑地面的蝗虫及甲壳虫。

地理分布 伊朗至中国、印度、东南亚。常见留鸟，高可至海拔 1 600 m。亚种 tricolor 为云南北部、西部、南部及西藏南部的留鸟；指名亚种见于华中、华东、华南及东南地区；formosae 见于台湾；hainanus 见于海南岛。

166 楔尾伯劳 *Lanius sphenocercus*

雀形目 / PASSERIFORMES　伯劳科 / Laniidae

识别特征　体型甚大（31 cm）的灰色伯劳。眼罩黑色，眉纹白，两翼黑色并具粗的白色横纹。比灰伯劳体型大。三枚中央尾羽黑色，羽端具狭窄的白色，外侧尾羽白。亚种 giganteus 比指名亚种色暗且缺少白色眉纹。虹膜褐色，嘴灰色，脚黑色。叫声：粗哑的 ga-ga-ga 叫声似灰伯劳。

生活习性　停在空中振翼并捕食猎物如昆虫或小型鸟类。在开阔原野的突出树干、灌丛或电线上捕食，常栖于农场或村庄附近。

地理分布　中亚、西伯利亚东南部、朝鲜、中国北部及华东。不常见。亚种 giganteus 繁殖于青海柴达木盆地、西藏东北部、四川北部及西部；指名亚种繁殖于内蒙古、东北三省、山西、陕西、宁夏及甘肃。有记录迁徙时见于经辽宁、青海至福建及广东越冬。出现于较干旱的平原、灌丛、半荒漠及林缘或河边树上。

三十四 鸦科 Corvidae

167 松鸦 *Garrulus glandarius*

雀形目 / PASSERIFORMES 鸦科 / Corvidae

识别特征 体小（35 cm）的偏粉色鸦。特征为翼上具黑色及蓝色镶嵌图案，腰白。髭纹黑色，两翼黑色具白色块斑。飞行时两翼显得宽圆。飞行沉重，振翼无规律。虹膜浅褐色，嘴灰色，脚肉棕色。叫声：粗哑短促的 ksher 叫声或哀怨的咪咪叫。

生活习性 性喧闹，喜落叶林地及森林。以果实、鸟卵、尸体及橡树子为食。主动围攻猛禽。

地理分布 欧洲、西北非、喜马拉雅山脉、中东至日本、东南亚。分布广泛并甚常见于华北、华中及华东的多数地区。许多亚种在中国有分布，brandtii 于阿尔泰山及中国东北的腹地；bambergi 于中国东北的西部及东部地区；pekingensis 于河北地区；kansuensis 于青海（扎朵）及甘肃西部；interstinctus 于西藏东南部；leucotis 于云南南部；sinensis 于华中、华东、华南及东南的多数地区；taivanus 于海南岛。

168 灰喜鹊 *Cyanopica cyanus*

雀形目 / PASSERIFORMES　鸦科 / Corvidae

识别特征　体小（35 cm）而细长的灰色喜鹊。顶冠、耳羽及后枕黑色，两翼天蓝色，尾长并呈蓝色。虹膜褐色，嘴黑色，脚黑色。叫声：为粗哑高声的 zhruee 或清晰的 kwee 声。

生活习性　性吵嚷，结群栖于开阔松林及阔叶林、公园甚至城镇。飞行时振翼快，作长距离的无声滑翔。在树上、地面及树干上取食，食物为果实、昆虫及动物尸体。

地理分布　东北亚、中国、日本及伊比利亚半岛（可能为引种）。常见且广泛分布于华东及东北。指名亚种越冬于中国东北的极北部；pallescens 为留鸟见于小兴安岭；stegmanni 见于东北的大兴安岭及长白山；interposita 为华北东部的留鸟；swinhoei 见于长江流域下游上至甘肃南部；kansuensis 见于青海南部至甘肃西北部。

169 红嘴蓝鹊 *Urocissa erythroryncha*

雀形目 / PASSERIFORMES 鸦科 / Corvidae

识别特征 体长（68 cm）且具长尾的亮丽蓝鹊。头黑而顶冠白。与黄嘴蓝鹊的区别在于嘴猩红，脚红色。腹部及臀白色，尾楔形，外侧尾羽黑色而端白。虹膜红色，嘴红色，脚红色。叫声：发出粗哑刺耳的联络叫声和一系列其他叫声及哨音。

生活习性 性喧闹，结小群活动。以果实、小型鸟类及卵、昆虫和动物尸体为食，常在地面取食。主动围攻猛禽。

地理分布 喜马拉雅山脉、印度东北部、中国、缅甸及中南半岛。常见并广泛分布于林缘地带、灌丛甚至村庄。指名亚种为留鸟见于中国中部、西南、华南、东南和海南岛；alticola 见于云南西北部及西部；brevivexilla 见于甘肃南部、宁夏南部至山西、河北、内蒙古东南部及辽宁西部。

170 喜鹊 *Pica serica*

雀形目 / PASSERIFORMES　鸦科 / Corvidae

识别特征　体略小（45 cm）的鹊。具黑色的长尾，两翼及尾黑色并具蓝色辉光。虹膜褐色，嘴黑色，脚黑色。叫声：为响亮粗哑的嘎嘎声。

生活习性　适应性强，中国北方的农田或南方的摩天大厦均可为家。多从地面取食，几乎什么都吃。结小群活动。巢为胡乱堆搭的拱圆形树棍，经年不变。

地理分布　欧亚大陆、北非、加拿大西部及美国加利福尼亚州西部。此鸟在中国分布广泛而常见，被认为能带来好运气而通常免遭捕杀。亚种 bactriana 分布于新疆北部和西部以及西藏的西北部；bottanensis 分布于西藏南部、东南部及东部至四川西部和青海；leucoptera 分布于内蒙古东北部地区；sericea 分布于中国其他地区，包括台湾及海南岛。

171 达乌里寒鸦 *Corvus dauuricus*

雀形目 / PASSERIFORMES 鸦科 / Corvidae

识别特征 体型略小（32 cm）的鹊色鸦。白色斑纹延至胸下。与白颈鸦的区别在于体型较小且嘴细，胸部白色部分较大。幼鸟色彩反差小，但与寒鸦成体的区别在于眼深色，与寒鸦幼体的区别在于耳羽具银色细纹。虹膜深褐色，嘴黑色，脚黑色。叫声：飞行叫声为 chak，同寒鸦。其他叫声也相同。

生活习性 不如寒鸦喜群栖。营巢于开阔地、树洞、岩崖或建筑物上。常在放牧的家养动物间取食。

地理分布 俄罗斯东部及西伯利亚，西藏高原东部边缘，中国中部、东北及华东。常见，尤其在北方，高可至海拔 2 000 m。繁殖于中国北部、中部及西南，越冬南迁包括中国东南部，迷鸟至台湾。

172 秃鼻乌鸦 *Corvus frugilegus*

雀形目 / PASSERIFORMES　鸦科 / Corvidae

识别特征　体型略大（47 cm）的黑色鸦。特征为嘴基部裸露皮肤浅灰白色。幼鸟脸全被羽，易与小嘴乌鸦相混淆，区别为头顶更显拱圆形，嘴圆锥形且尖，腿部的松散垂羽更显松散。飞行时尾端楔形，两翼较长窄，翼尖"手指"显著，头显突出。虹膜深褐色，嘴黑色，脚黑色。叫声：比小嘴乌鸦叫声更枯涩乏味的 kaak 声，也发高而哀怨的 kraa-a 及其他叫声。鸣声为多种令人生畏的声响的组合，包括咯咯声、啊啊声及怪异的咔哒声等，伴以头部的前后伸缩动作。

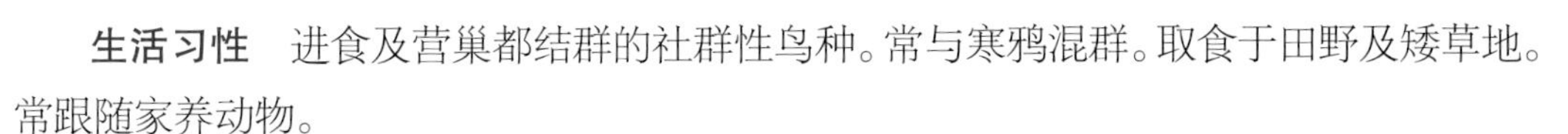

生活习性　进食及营巢都结群的社群性鸟种。常与寒鸦混群。取食于田野及矮草地。常跟随家养动物。

地理分布　欧洲至中东及东亚。过去曾常见，现数量已大为下降。指名亚种分布于新疆西部。亚种 pastinator 繁殖于中国东北、华东及华中的大部地区，越冬至繁殖区南部及东南沿海省份、台湾和海南岛。

173 小嘴乌鸦 *Corvus corone*

雀形目 / PASSERIFORMES　**鸦科** / Corvidae

识别特征　体大（50 cm）的黑色鸦。与秃鼻乌鸦的区别在于嘴基部被黑色羽，与大嘴乌鸦的区别在于额弓较低，嘴虽强劲但形显细。虹膜褐色，嘴黑色，脚黑色。叫声：发出粗哑的嘎嘎叫声 kraa。

生活习性　喜结大群栖息，但不像秃鼻乌鸦那样结群营巢。取食于矮草地及农耕地，以无脊椎动物为主要食物，但喜吃尸体，常在道路上吃被车辆轧死的动物。一般不像秃鼻乌鸦那样栖于城市。

地理分布　欧亚大陆、非洲东北部及日本。亚种 orientalis 繁殖于华中及华北，有些鸟冬季南迁至华南及东南越冬。亚种 sharpii 迁徙时见于中国西北部。

174 白颈鸦 *Corvus pectoralis*

雀形目 / PASSERIFORMES 鸦科 / Corvidae

识别特征 体大（54 cm）的亮黑及白色鸦。嘴粗厚，颈背及胸带强反差的白色使其有别于同地区的其他鸦类，仅达乌里寒鸦略似，但寒鸦较之白颈鸦体甚小而下体甚多白色。虹膜深褐色，嘴黑色，脚黑色。叫声：比达乌里寒鸦声粗且少哢音。通常叫声响亮，常重复 kaaarr 声，也发出几种嘎嘎声及咔哒声。叫声一般比大嘴乌鸦音高。

生活习性 栖于平原、耕地、河滩、城镇及村庄。在中国东部取代小嘴乌鸦。有时与大嘴乌鸦混群出现。

地理分布 华中、华南及东南，并至越南北部。常见，尤其在其分布区的南部。留鸟见于华东、华中及东南包括海南岛的多数地区。

175 大嘴乌鸦 *Corvus macrorhynchos*

雀形目 / PASSERIFORMES　鸦科 / Corvidae

识别特征　体大（50 cm）的闪光黑色鸦。嘴甚粗厚。比渡鸦体小而尾较平。与小嘴乌鸦的区别在于嘴粗厚而尾圆，头顶更显拱圆形。虹膜褐色，嘴黑色，脚黑色。叫声：粗哑的喉音 kaw 及高音的 awa-awa-awa 声，也作低沉的咯咯声。

生活习性　成对生活，喜栖于村庄周围。

地理分布　伊朗至中国、东南亚。中国除西北部外的大部地区的常见留鸟。亚种 mandschuricus 见于中国东北；colonorum 见于华东及华南，包括海南岛和台湾；tibetosinensis 见于西藏西南部及东部、青藏高原东坡、青海东部、四川西部、云南西部；intermedius 见于西藏南部。

三十五 玉鹟科 Stenostiridae

176 方尾鹟 *Culicicapa ceylonensis*

雀形目 / PASSERIFORMES　玉鹟科 / Stenostiridae

识别特征　体小（13 cm）而独具特色的鹟。头偏灰，略具冠羽，上体橄榄色，下体黄色。虹膜褐色；嘴，上嘴黑色，下嘴角质色；脚黄褐色。叫声：鸣声为清晰甜美的哨音 chic… chiree-chilee，重音在两音节的第一音，最后音上升；也发 churrru 的嘟叫声及轻柔的 pit pit 声。

生活习性　喧闹活跃，在树枝间跳跃，不停捕食及追逐过往昆虫。常将尾扇开。多栖于森林的底层或中层。常与其他鸟混群。

地理分布　印度至中国南方、东南亚。亚种 calochrysea 繁殖于中国中南、西南及西藏东南部。一般常见于森林，最常见于海拔 1 000 ～ 1 600 m 的山麓林，但在喜马拉雅山脉从低地至海拔 2 000 m 均有记录。迷鸟见于河北的北戴河。

三十六 山雀科 Paridae

177 煤山雀 *Periparus ater*

雀形目 / PASSERIFORMES 山雀科 / Paridae

识别特征 体小（11 cm）的山雀。头顶、颈侧、喉及上胸黑色。翼上具两道白色翼斑以及颈背部的大块白斑使之有别于褐头山雀及沼泽山雀。背灰色或橄榄灰色，白色的腹部或有或无皮黄色。多数亚种具尖状的黑色冠羽。与大山雀及绿背山雀的区别在于胸中部无黑色纵纹。亚种 ater 及 insularis 冠羽甚小，rufipectus 冠羽短，pekinensis 冠羽适中，aemodius 及 kuatunensis 冠羽长，ptilosus 冠羽甚长。ater 及 ptilosus 的下体偏白，而 pekinensis、insularis 及 kuatunensis 为黄褐色，aemodius 及 rufipectus 则为粉皮黄色。rufipectus 的尾下覆羽黄褐色。虹膜褐色；嘴黑色，边缘灰色；脚青灰色。叫声：进食时发出 pseet 叫声，告警时为 tsee see see see see 声，鸣声似微弱的大山雀。

生活习性 针叶林中的耐寒山雀。储藏食物以备冬季之需。于冰雪覆盖的树枝下取食。

地理分布 欧洲、北非及地中海国家，东至中国、西伯利亚及日本。常见于针叶林，见于中国东北（rufipectus）、中部及西藏南部（aemodius）、东北（ater）、北方的东部（pekinensis）、武夷山和东南其他山区（kuatunensis）及台湾（ptilosus）。日本亚种 insularis 有时在中国东北部沿海越冬。

178 黄腹山雀 *Pardaliparus venustulus*

雀形目 / PASSERIFORMES　山雀科 / Paridae

识别特征　体小（10 cm）而尾短的山雀。下体黄色，翼上具两排白色点斑，嘴甚短。雄鸟头及胸兜黑色，颊斑及颈后点斑白色，上体蓝灰色，腰银白色。雌鸟头部灰色较重，喉白，与颊斑之间有灰色的下颊纹，眉略具浅色点。幼鸟似雌鸟但色暗，上体多橄榄色。体型较小且无大山雀及绿背山雀胸腹部的黑色纵纹。虹膜褐色，嘴近黑，脚蓝灰色。叫声：高调的鼻音 si-si-si-si。鸣声为重复的单音或双音似煤山雀，但较有力。

生活习性　结群栖于林区。有间发性的急剧繁殖。

地理分布　中国东南部的特有种。地区性常见于华南、东南、华中及华东的落叶混交林，北可至北京；夏季高可至海拔 3 000 m，冬季较低。

179 黑喉山雀 *Poecile hypermelaenus*

雀形目 / PASSERIFORMES　山雀科 / Paridae

识别特征　体重约 11.14 g，翼长约 63.9 mm，嘴峰长约 8.9 mm，喙宽度约 3 mm，喙厚度约 3.8 mm，跗跖长约 14.7 mm，尾长约 54.6 mm。

生活习性　在半开放的高大树木组成的森林中，杂食性，主要食物来源是陆生无脊椎动物。

地理分布　中国中部和东部至西藏东南部和缅甸西部。

180 大山雀 *Parus cinereus*

雀形目 / PASSERIFORMES　山雀科 / Paridae

识别特征　肩、背部及背覆羽中灰色，下体呈单调的中灰色，腋部深灰色。

生活习性　常光顾红树林、林园及开阔林。性活跃，多技能，时在树顶，时在地面。成对或成小群。

地理分布　古北界、印度、中国、日本、东南亚。

三十七 攀雀科 Remizidae

181 中华攀雀 *Remiz consobrinus*

雀形目 / PASSERIFORMES　攀雀科 / Remizidae

识别特征　雄鸟：体型纤小（11 cm）的山雀。顶冠灰，脸罩黑，背棕色，尾凹形。雌鸟及幼鸟似雄鸟但色暗，脸罩略呈深色。虹膜深褐色，嘴灰黑，脚蓝灰色。叫声：高调、柔细而动人的哨音 tsee，较圆润的 piu 及一连串快速的 siu 声。鸣声似雀鸟，tea-cher 的主调接 si-si-tiu 副歌。

生活习性　冬季成群，特喜芦苇地栖息环境。

地理分布　俄罗斯的极东部及中国东北，迁徙至日本、朝鲜和中国东部。在中国北方并不罕见，但冬季在中国东部、南至香港则越来越常见。

三十八 百灵科 Alaudidae

182 云雀 *Alauda arvensis*

雀形目 / PASSERIFORMES 百灵科 / Alaudidae

识别特征 中等体型（18 cm）而具灰褐色杂斑的百灵。顶冠及耸起的羽冠具细纹，尾分叉，羽缘白色，后翼缘的白色于飞行时可见。与鹨类的区别在于尾及腿均较短，具羽冠且立势不如其直。与日本云雀容易混淆。与小云雀易混淆但体型较大，后翼缘较白且叫声也不同。虹膜深褐色，嘴角质色，脚肉色。叫声：鸣声在高空中振翼飞行时发出，为持续的成串颤音及颤鸣。告警时发出多变的吱吱声。

生活习性 以活泼悦耳的鸣声著称，高空振翅飞行时鸣唱，接着作极壮观的俯冲而回到地面的覆盖处。栖于草地、干旱平原、泥淖及沼泽。正常飞行起伏不定。警惕时下蹲。

地理分布 繁殖于从欧洲至外贝加尔、朝鲜、日本及中国北方；越冬至北非、伊朗及印度西北部。冬季甚常见于中国北方。亚种 dulcivox 繁殖于新疆西北部；intermedia 繁殖于东北的山区；kiborti 繁殖于东北的沼泽平原。亚种 pekinensis 及 lonnbergi 繁殖于西伯利亚但冬季见于华北、华东及华南沿海。

183 小云雀 *Alauda gulgula*

雀形目 / PASSERIFORMES　百灵科 / Alaudidae

识别特征　体小（15 cm）的褐色斑驳而似鹨的鸟。略具浅色眉纹及羽冠。与鹨的区别在于嘴较厚重，飞行较柔弱且姿势不同。与歌百灵的区别在于翼上无棕色且行为上有所不同。与云雀及日本云雀的区别在于体型较小，飞行时白色后翼缘较小且叫声不同。虹膜褐色，嘴角质色，脚肉色。叫声：于地面及向上炫耀飞行时发出高音的甜美鸣声。叫声为干涩的嘁喳声 drzz。

生活习性　栖于长有短草的开阔地区。与歌百灵不同之处在于从不停栖树上。

地理分布　繁殖于古北界，冬季南迁。甚常见于中国南方及沿海地区。亚种 inopinata 见于青藏高原南部及东部；weigoldi 见于华中及华东；coelivox 见于东南；vernayi 见于西南；sala 见于海南岛及邻近的广东南部；wattersi 见于台湾。

三十九 扇尾莺科 Cisticolidae

184 棕扇尾莺 *Cisticola juncidis*

雀形目 / PASSERIFORMES 扇尾莺科 / Cisticolidae

识别特征 体小（10 cm）而具褐色纵纹的莺。腰黄褐色，尾端白色清晰。与非繁殖期的金头扇尾莺的区别在于白色眉纹较颈侧及颈背明显为浅。虹膜褐色，嘴褐色，脚粉红至近红色。叫声：作波状炫耀飞行时发出一连串清脆的 zit 声。

生活习性 栖于开阔草地、稻田及甘蔗地，一般较金头扇尾莺更喜湿润地区。求偶飞行时雄鸟在其配偶上空作振翼停空并盘旋鸣叫。非繁殖期惧生而不易见到。

地理分布 非洲、南欧、印度、中国、日本、东南亚及澳大利亚北部。亚种 tinnabulans 繁殖于华中及华东，越冬至华南及东南。常见于海拔 1 200 m 以下。

185 纯色山鹪莺 *Prinia inornata*

雀形目 / PASSERIFORMES 扇尾莺科 / Cisticolidae

识别特征 体型略大（15 cm）而尾长的偏棕色鹪莺。眉纹色浅，上体暗灰褐色，下体淡皮黄色至偏红，背色较浅且较褐山鹪莺色单纯。台湾亚种 flavirostris 色较淡，嘴黄色。虹膜浅褐色，嘴近黑，脚粉红色。叫声：鸣声为单调而连续似昆虫的吟叫声，长达 1 min，每秒 3 ~ 4 声。叫声为快速重复的 chip 或 chi-up 声。

生活习性 栖高草丛、芦苇地、沼泽、玉米地及稻田。有几分傲气而活泼的鸟，结小群活动，常于树上、草茎间或在飞行时鸣叫。

地理分布 印度、中国、东南亚。常见留鸟高可至海拔 1 500 m；亚种 extensicauda 见于华中、西南、华南、东南及海南岛；flavirostris 见于台湾。

四十 苇莺科 Acrocephalidae

186 东方大苇莺 *Acrocephalus orientalis*

雀形目 / PASSERIFORMES　苇莺科 / Acrocephalidae

识别特征　体型略大（19 cm）的褐色苇莺。具显著的皮黄色眉纹。野外与噪大苇莺的区别为嘴较钝、较短且粗，尾较短且尾端色浅，下体色重且胸具深色纵纹；外侧初级飞羽（第九枚）比第六枚长，嘴裂偏粉色而非黄色。与异域分布的大苇莺的区别为体型较小，初级飞羽的凸出较短而胸侧多纵纹。虹膜褐色；嘴，上嘴褐色，下嘴偏粉；脚灰色。叫声：冬季仅间歇性地发出沙哑似喘息的单音 chack 声。

生活习性　喜芦苇地、稻田、沼泽及低地次生灌丛。

地理分布　繁殖于东亚；冬季迁徙至印度、东南亚，偶尔远及新几内亚及澳大利亚。繁殖于由新疆北部和东部至华中、华东及东南。迁徙时见于华南各省份。

187 黑眉苇莺 *Acrocephalus bistrigiceps*

雀形目 / PASSERIFORMES　苇莺科 / Acrocephalidae

识别特征　中等体型（13 cm）的褐色苇莺。眼纹皮黄白色，其上下具清楚的黑色条纹，下体偏白。虹膜褐色；嘴，上嘴色深，下嘴色浅；脚粉色。叫声：示警时作沙哑的 chur 声。叫声为尖声 tuc 或尖声 zit。鸣声甜美多变，包括许多重复音；不如芦苇莺那般尖响。

生活习性　典型的苇莺，栖于近水的高芦苇丛及高草地。

地理分布　繁殖于东北亚，冬季至印度、中国南方及东南亚。繁殖于中国东北、河北、河南、陕西南部及长江下游。迁徙时见于华南及东南，部分鸟在广东及香港越冬。偶见于台湾。

188 厚嘴苇莺 *Arundinax aedon*

雀形目 / PASSERIFORMES　苇莺科 / Acrocephalidae

识别特征　体大（20 cm）的橄榄褐色或棕色的无纵纹苇莺。嘴粗短，与其他大型苇莺的区别在于无深色眼线且几乎无浅色眉纹而使其看似呆板，尾长而凸。亚种 stegmanni 较指名亚种甚多棕色。虹膜褐色；嘴，上嘴色深，下嘴色浅；脚灰褐色。叫声：响亮而饱满的鸣声，以清脆的 tschok tschok 声开始，展开成悦耳的哨音短句加模仿其他鸟的叫声；叫声为持续的 chack chack 声及沙哑吱叫声。

生活习性　栖于森林、林地及次生灌丛的深暗荆棘丛。性隐匿。

地理分布　繁殖于古北界北部，越冬至印度、中国南方及东南亚。不常见但分布广泛。指名亚种有记录繁殖于内蒙古东北部的博克图及扎兰屯。较常见的亚种 stegmanni（包括 rufescens）广泛繁殖于中国东北及内蒙古中部。两亚种迁徙均经中国东部，但可能通常被忽视。

四十一 蝗莺科 Locustellidae

189 矛斑蝗莺 *Locustella lanceolata*

雀形目 / PASSERIFORMES 蝗莺科 / Locustellidae

识别特征 体型略小（12.5 cm）而具褐色纵纹的莺。上体橄榄褐色并具近黑色纵纹；下体白色而沾赭黄，胸及两胁具黑色纵纹；眉纹皮黄色；尾端无白色。与黑斑蝗莺的区别在于体型较小，上体及胸部纵纹较粗重，顶冠较黑。虹膜深褐色；嘴，上嘴褐色，下嘴带黄；脚粉色。叫声：鸣声为拖长的快速高调颤音，较黑斑蝗莺高而慢。叫声为 churr-churr 及低音 chk。

生活习性 喜湿润稻田、沼泽灌丛、近水的休耕地及蕨丛。

地理分布 繁殖于西伯利亚、古北界东部；冬季至菲律宾、大巽他群岛及马鲁古群岛的北部。不常见的季候鸟。繁殖于中国东北；有记录迁徙时见于中国东部及西北部。

四十二 燕科 Hirundinidae

190 淡色崖沙燕 *Riparia diluta*

雀形目 / PASSERIFORMES 燕科 / Hirundinidae

识别特征 与崖沙燕相似。胸带淡，喉灰色，尾分叉浅。

生活习性 栖息于各种水域岸边。

地理分布 共6个亚种，分布于俄罗斯贝加尔湖以南、中亚、巴基斯坦、印度北部和尼泊尔。国内有3个亚种，新疆亚种 diluta 见于新疆、青海西北部，上体淡褐色，下背及内侧翼羽的羽缘沙灰色；胸带不显著。青藏亚种 tibetana 见于西藏东南部、青海、四川北部，上体乌灰褐色；下背及内侧翼羽的羽缘稍淡但不明显，胸带灰褐色。福建亚种 fohkienensis 见于河南北部、陕西南部、甘肃南部、四川东部、重庆、贵州北部、湖北、江苏、浙江、福建、广东，头顶近黑褐色，背部褐色较浓；胸带明显，近黑褐色；上体黑色更明显，黑色最深；羽缘棕色亦最浓，在背部呈红棕色。

191 家燕 *Hirundo rustica*

雀形目 / PASSERIFORMES　燕科 / Hirundinidae

识别特征　中等体型（20 cm，包括尾羽延长部）的辉蓝色及白色的燕。上体钢蓝色；胸偏红而具一道蓝色胸带，腹白；尾甚长，近端处具白色点斑。与洋斑燕的区别在于腹部为较纯净的白色，尾形长，并具蓝色胸带。亚成鸟体羽色暗，尾无延长，易与洋斑燕混淆。虹膜褐色，嘴及脚黑色。叫声：高音 twit 及嘁嘁喳喳叫声。

生活习性　在高空滑翔及盘旋，或低飞于地面或水面捕捉小昆虫。降落在枯树枝、柱子及电线上。各自寻食，但大量的鸟常取食于同一地点。有时结大群夜栖一处。

地理分布　几乎遍及全世界。繁殖于北半球，冬季南迁经非洲、亚洲、东南亚、澳大利亚。指名亚种繁殖于中国西北；tytleri 及 mandschurica 繁殖于中国东北；gutturalis 繁殖于中国其余地区。多数鸟冬季往南迁徙，但部分鸟留在云南南部、海南岛及台湾越冬。

192 烟腹毛脚燕 *Delichon dasypus*

雀形目 / PASSERIFORMES　燕科 / Hirundinidae

识别特征　体小（13 cm）而矮壮的黑色燕。腰白，尾浅叉，下体偏灰，上体钢蓝色，腰白，胸烟白色。与毛脚燕的区别在于翼衬黑色。亚种 nigrimentalis 的下体白色。虹膜褐色，嘴黑色，脚粉红色，被白色羽至趾。叫声：兴奋的嘶嘶叫声，似毛脚燕。

生活习性　单独或成小群，与其他燕或金丝燕混群。比其他燕更喜留在空中，多见其于高空翱翔。

地理分布　繁殖于喜马拉雅山脉至日本；越冬南迁至东南亚。地区性甚常见。亚种 cashmiriensis 繁殖于中国中东部及青藏高原，冬季南迁；亚种 nigrimentalis 为留鸟，见于台湾、华南及东南；指名亚种有记录迁徙时见于东部沿海。

193 金腰燕 *Cecropis daurica*

雀形目 / PASSERIFORMES 燕科 / Hirundinidae

识别特征 体大（18 cm）的燕。浅栗色的腰与深钢蓝色的上体成对比，下体白而多具黑色细纹，尾长而叉深。在野外与斑腰燕易混淆，但斑腰燕在中国的分布极有限。虹膜褐色，嘴及脚黑色。叫声：飞行时发出尖叫声。

生活习性 在高空滑翔及盘旋，或低飞于地面或水面捕捉小昆虫。降落在枯树枝、柱子及电线上。各自寻食，但大量的鸟常取食于同一地点。有时结大群夜栖一处。

地理分布 繁殖于欧亚大陆及印度的部分地区，冬季迁至非洲、印度南部及东南亚。甚常见于中国的大部分地区。指名亚种繁殖于东北；japonica 繁殖于整个东部，并为留鸟种群见于广东和福建；nipalensis 繁殖于西藏南部及云南西部；gephrya 繁殖于青藏高原东部至甘肃、宁夏、四川及云南北部；有记录迁徙时经中国东南部。

四十三 鹎科 Pycnonotidae

194 领雀嘴鹎 *Spizixos semitorques*

雀形目 / PASSERIFORMES 鹎科 / Pycnonotidae

识别特征 体大（23 cm）的偏绿色鹎。厚重的嘴象牙色，具短羽冠。似凤头雀嘴鹎但冠羽较短，头及喉偏黑，颈背灰色。特征为喉白，嘴基周围近白，脸颊具白色细纹，尾绿而尾端黑。虹膜褐色，嘴浅黄色，脚偏粉色。叫声：悦耳笛声。急促响亮的哨音 ji de shi shei, ji de shi shei, shi shei。

生活习性 通常栖于次生植被及灌丛。结小群停栖于电线或竹林。飞行中捕捉昆虫。

地理分布 中国南方及中南半岛北部。常见于华南、东南（指名亚种）和台湾（cinereicapillus）海拔 400 ～ 1 400 m 的丘陵。

195 黄臀鹎 *Pycnonotus xanthorrhous*

雀形目 / PASSERIFORMES　鹎科 / Pycnonotidae

识别特征　中等体型（20 cm）的灰褐色鹎。顶冠及颈背黑色。与白喉红臀鹎的区别在于耳羽褐色，胸带灰褐色，尾端无白色。与白头鹎的区别在于耳羽褐色，翼上无黄色，尾下覆羽黄色较重。亚种 andersoni 几无褐色胸带。虹膜褐色，嘴黑色，脚黑色。叫声：沙哑的 brzzp 声。

生活习性　典型的群栖型鹎鸟，栖于丘陵次生荆棘丛及蕨类植丛。

地理分布　中国南方、缅甸及中南半岛北部。甚常见于海拔 800 ~ 4 300 m。指名亚种于四川西部、云南西部、南部及西藏东南部有记录。亚种 andersoni 见于华中、华东及华南。

196 白头鹎 *Pycnonotus sinensis*

雀形目 / PASSERIFORMES　鹎科 / Pycnonotidae

识别特征　中等体型（19 cm）的橄榄色鹎。眼后一白色宽纹伸至颈背，黑色的头顶略具羽冠，髭纹黑色，臀白。幼鸟头橄榄色，胸具灰色横纹。虹膜褐色，嘴近黑，脚黑色。叫声：典型的叽叽喳喳颤鸣及简单而无韵律的叫声。

生活习性　性活泼，结群于果树上活动。有时从栖处飞行捕食。

地理分布　中国南方、越南北部及琉球群岛。常见的群栖性鸟，栖于林缘、灌丛、红树林及林园。亚种 hainanus 为留鸟，见于广西南部、广东西南部及海南岛；formosae 为留鸟，见于台湾；指名亚种遍及华中、华东、华南及东南。冬季北方鸟南迁。

197 绿翅短脚鹎 *Ixos mcclellandii*

雀形目 / PASSERIFORMES 鹎科 / Pycnonotidae

识别特征 体大（24 cm）而喜喧闹的橄榄色鹎。羽冠短而尖，颈背及上胸棕色，喉偏白而具纵纹。头顶深褐色具偏白色细纹。背、两翼及尾偏绿色。腹部及臀偏白。虹膜褐色，嘴近黑，脚粉红色。叫声：鸣声为单调的三音节嘶叫声或上扬的三音节叫声，也作多种咪叫声。

生活习性 以小型果实及昆虫为食，有时结成大群。大胆围攻猛禽及杜鹃类。

地理分布 喜马拉雅山脉至中国南方、中南半岛。常见的群栖型或成对活动的鸟，分布于海拔 1 000 ~ 2 700 m 山区森林及灌丛。指名亚种为留鸟，见于西藏东南部；similis 见于云南及海南岛；holtii 见于华南及东南大部。

198 栗背短脚鹎 *Hemixoscas tanonotus*

雀形目 / PASSERIFORMES　鹎科 / Pycnonotidae

识别特征　体型略大（21 cm）而外观漂亮的鹎。上体栗褐色，头顶黑色而略具羽冠，喉白，腹部偏白；胸及两胁浅灰色；两翼及尾灰褐色，覆羽及尾羽边缘绿黄色。白色喉羽有时膨出，如 Alophoixos 冠鹎，但此种甚为明显。亚种 canipennis 多棕色，翼及尾无绿黄色翼缘。虹膜褐色，嘴深褐色，脚深褐色。叫声：偏高的银铃般叫声 tickety boo。

生活习性　常结成活跃小群。藏身于甚茂密的植丛。

地理分布　中国南方及越南西北部。亚种 canipennis 常见于华南及东南的低地森林；指名亚种为留鸟，见于海南岛，在广西南部与亚种 canipennis 有混交。

199 黑短脚鹎 *Hypsipetes leucocephalus*

雀形目 / PASSERIFORMES 鹎科 / Pycnonotidae

识别特征 中等体型（20 cm）的黑色鹎。尾略分叉，嘴、脚及眼亮红色。部分亚种头部白色，西部亚种的前半部分偏灰。与红嘴椋鸟的区别在于胸及背部色深。亚成鸟偏灰，略具平羽冠。虹膜褐色，嘴红色，脚红色。叫声：甚多变，包括响亮的尖叫声、吱吱声及刺耳哨音。常有带鼻音的咪叫声。

生活习性 食果实及昆虫，有季节性迁移。冬季于中国南方可见到数百只的大群。

地理分布 印度、中国南方（包括台湾、海南岛）、缅甸。亚种 psaroides 为留鸟，见于西藏东南部；ambiens 见于云南西北部；sinensis 见于云南西北部、亚种 ambiens 的分布区以南；stresemanni 见于云南北部；concolor 见于云南西部及南部；leucothorax 见于华中；perniger 见于广西南部及海南岛；nigerrimus 见于海南岛；指名亚种则于华南及东南的其余地区。为山地常绿林的常见鸟。

四十四 柳莺科 Phylloscopidae

200 褐柳莺 *Phylloscopus fuscatus*

雀形目 / PASSERIFORMES　柳莺科 / Phylloscopidae

识别特征　中等体型（11 cm）的单一褐色柳莺。外形甚显紧凑而墩圆，两翼短圆，尾圆而略凹。下体乳白，胸及两胁沾黄褐色。上体灰褐色，飞羽有橄榄绿色的翼缘。嘴细小，腿细长。指名亚种眉纹沾栗褐色，脸颊无皮黄色，上体褐色较重。与巨嘴柳莺易混淆，不同之处在于嘴纤细且色深；腿较细；眉纹较窄而短（指名亚种眉纹后端棕色）；眼先上部的眉纹有深褐色边且眉纹将眼和嘴隔开；腰部无橄榄绿色渲染。虹膜褐色；嘴，上嘴色深，下嘴偏黄；脚偏褐。叫声：鸣声为一连串响亮单调的清晰哨音，以一颤音结尾。似巨嘴柳莺但鸣声较慢。叫声为尖厉的 chett…chett 似击石头之声。

生活习性　隐匿于沿溪流、沼泽周围及森林中潮湿灌丛的浓密低植被之下，高可上至海拔 4 000 m。翘尾并轻弹尾及两翼。

地理分布　繁殖于亚洲北部、西伯利亚、蒙古北部、中国北部及东部，冬季迁徙至中国南方、东南亚、中南半岛及喜马拉雅山麓。指名亚种繁殖于中国东北及中北部；越冬在中国南方、海南岛及台湾。亚种 weigoldi 繁殖于青海南部、西藏东部及四川西北部，越冬于云南及西藏东南部。两亚种尤其在迁徙时均为常见。

201 巨嘴柳莺 *Phylloscopus schwarzi*

雀形目 / PASSERIFORMES　柳莺科 / Phylloscopidae

识别特征　中等体型（12.5 cm）的橄榄褐色而无斑纹的柳莺。尾较大而略分叉，嘴形厚而似山雀。眉纹前端皮黄色至眼后呈奶油白色；眼纹深褐色，脸侧及耳羽具散布的深色斑点。下体污白，胸及两胁沾皮黄，尾下覆羽黄褐。背有些驼。较烟柳莺体大而壮，眉纹长而宽且多橄榄色。与棕眉柳莺的区别为喉无细纹。虹膜褐色；嘴，上嘴褐色，下嘴色浅；脚黄褐色。叫声：结巴的 check…check 声。鸣声为短促的悦耳低音渐高而以颤音结尾，tyeee-tyeee-tyee-tyee-ee-ee。

生活习性　常隐匿并取食于地面，看似笨拙沉重。尾及两翼常神经质地抽动。

地理分布　繁殖于东北亚，越冬于中国南方、缅甸及中南半岛。甚常见的季候鸟。繁殖于中国东北大小兴安岭，迁徙时经华东及华中。冬季鲜见于广东及香港。

202 黄腰柳莺 *Phylloscopus proregulus*

雀形目 / PASSERIFORMES　柳莺科 / Phylloscopidae

识别特征　体小（9 cm）的背部绿色的柳莺。腰柠檬黄色；具两道浅色翼斑；下体灰白，臀及尾下覆羽沾浅黄；具黄色的粗眉纹和适中的顶纹；新换的体羽眼先为橘黄色；虹膜褐色，嘴黑色，嘴基橙黄色；脚粉红色。叫声：鸣声洪亮有力，为清晰多变的 choo-choo-chee-chee-chee 等声重复 4 ~ 5 次，间杂颤音及嘟声。叫声包括轻柔鼻音 dju-ee 或 swe-eet 及柔声 weesp，不如黄眉柳莺叫声刺耳。

生活习性　栖于亚高山林，夏季高可至海拔 4 200 m 的林线。越冬在低地林区及灌丛。

地理分布　繁殖于亚洲北部，越冬在印度、中国南方及中南半岛北部。常见季候鸟。指名亚种繁殖于中国东北，迁徙经华东至长江以南包括海南岛的低地越冬。

203 黄眉柳莺 *Phylloscopus inornatus*

雀形目 / PASSERIFORMES 柳莺科 / Phylloscopidae

识别特征 中等体型（11 cm）的鲜艳橄榄绿色柳莺。通常具两道明显的近白色翼斑，纯白或乳白色的眉纹而无可辨的顶纹，下体色彩从白色变至黄绿色。与极北柳莺的区别在于上体较鲜亮，翼纹较醒目且三级飞羽羽端白色。与分布无重叠的淡眉柳莺的区别在于上体较鲜亮，绿色较浓。与黄腰柳莺及四川柳莺的区别为无浅色顶纹，而与暗绿柳莺的区别则在于体型较小且下嘴色深。虹膜褐色；嘴，上嘴色深，下嘴基黄色；脚粉褐色。叫声：吵嚷。不停地发出响亮而上扬的 swe-eeet 叫声。鸣声为一连串低弱叫声，音调下降至消失；也发出双音节的 tsioo-eee，第二音音调降而后升。

生活习性 性活泼，常结群且与其他小型食虫鸟类混合，栖于森林的中上层。

地理分布 繁殖于亚洲北部及中国东北，冬季南迁至印度、东南亚。指名亚种繁殖于中国东北，迁徙经中国大部地区至西藏南部和西南、华南与东南包括海南岛及台湾越冬。一般常见于森林及林区。

204 淡眉柳莺 *Phylloscopus humei*

雀形目 / PASSERIFORMES　柳莺科 / Phylloscopidae

识别特征　体小（10 cm）的柳莺。上体橄榄灰，具两道翼斑，无浅色腰，尾上无白色，浅色的长眉纹，贯眼纹色深，暗灰色的贯顶纹。甚似黄眉柳莺但色较暗而多灰色，上一道翼斑模糊，三级飞羽羽缘少白色且翼覆羽色淡。虹膜褐色；嘴黑色，下嘴基色浅；脚褐色。叫声：为短促而甜美的 wesoo 声，似麻雀的吱吱叫声或上扬的 pwis 声。鸣声活泼，为重复的 wesoo 声接下降的鼻音喘息声 zweeeeee。亚种 mandellii 相似但少喘气声。

生活习性　栖于海拔 300 ~ 4 000 m 落叶松及松林。惧生。常加入混合群。性活泼的林栖型莺。

地理分布　中亚、中国西北及中部，越冬至印度、中国南方及东南亚。甚常见的季候鸟。指名亚种繁殖于中国西北（准噶尔盆地、吐鲁番、喀什及天山），越冬在西藏南部。亚种 mandellii 繁殖于中国中部从云南西北部至四川、青海、甘肃、宁夏、陕西南部及山西东南部；越冬至西藏东南部。迷鸟至香港。

205 极北柳莺 *Phylloscopus borealis*

雀形目 / PASSERIFORMES　柳莺科 / Phylloscopidae

识别特征　体小（12 cm）的偏灰橄榄色柳莺。具明显的黄白色长眉纹；上体深橄榄色，具甚浅的白色翼斑，中覆羽羽尖成第二道模糊的翼斑；下体略白，两胁褐橄榄色；眼先及过眼纹近黑。与黄眉柳莺的区别在于嘴较粗大且上弯，尾看似短，头上图纹较醒目。与淡脚柳莺的区别在于色彩较鲜亮且绿色较重，顶冠色较淡。与乌嘴柳莺的区别为下嘴基部色浅。虹膜深褐色；嘴，上嘴深褐色，下嘴黄色；脚褐色。叫声：一连串的 chweet 嘟声，最后的音节调高，越冬鸟偶尔发出具特色的低哑 dzit 声。鸣声为多至 15 个音节的颤音，初始时甚慢，后来越来越快且越响亮。

生活习性　喜开阔有林地区、红树林、次生林及林缘地带。加入混合鸟群，在树叶间寻食。

地理分布　繁殖于欧洲北部、亚洲北部及阿拉斯加；冬季南迁至中国南方、东南亚。

分布状况：亚种 hylebata 繁殖于黑龙江北部及东部，南下至东部沿海，部分鸟在东南部越冬。指名亚种及 xanthodryas 繁殖于中国北方，迁徙经中国东半部及台湾。甚常见于原始林及次生林，高可至海拔 2 500 m。

206 冕柳莺 *Phylloscopus coronatus*

雀形目 / PASSERIFORMES　柳莺科 / Phylloscopidae

识别特征　中等体型（12 cm）的黄橄榄色柳莺。具近白的眉纹和顶纹；上体绿橄榄色，飞羽具黄色羽缘，仅一道黄白色翼斑；下体近白，与柠檬黄色的臀成对比；眼先及过眼纹近黑。与冠纹柳莺的区别在于仅一道翼斑，嘴较大，顶纹及眉纹更显黄色。虹膜深褐色；嘴，上嘴褐色，下嘴色浅；脚灰色。叫声：轻柔的 phit phit 声。鸣声为多变刺耳的 pichi pichu seu sweu 声，尾声最高。

生活习性　喜光顾红树林、林地及林缘，从海平面直至最高的山顶。加入混合鸟群，通常见于较大树木的树冠层。

地理分布　繁殖于东北亚，冬季南迁至中国、东南亚。指名亚种繁殖于吉林长白山、河北及四川。有记录迁徙时见于华东及华南各省份；偶见于台湾。

207 冠纹柳莺 *Phylloscopus claudiae*

雀形目 / PASSERIFORMES　柳莺科 / Phylloscopidae

识别特征　中等体型（10.5 cm）而色彩亮丽的柳莺。上体绿色，具两道黄色翼斑，眉纹及顶纹艳黄色，下体白染黄，脸侧、两胁及尾下覆羽尤是。外侧两枚尾羽的内翈具白边。与黑眉柳莺的区别为侧顶纹色淡，两道翼斑较醒目且下体少黄色。与白斑尾柳莺的区别为体型较大且下体黄色较少，两翼轮换鼓振。诸亚种从西至东上体绿色较鲜亮，下体较黄。虹膜褐色；嘴，上嘴色深，下嘴粉红；脚偏绿至黄色。叫声：鸣声为似山雀的 chi chi pit-chew pit-chew 声，后转成似鹪鹩的颤音。叫声为重复的响亮两音节 pit-cha 声或三音节 pit-chew-a 声。

生活习性　亚种 fokiensis 当特色性地轮番鼓翼时显露其黄色的胁部。有时倒悬而于树枝下方取食。

地理分布　繁殖于巴基斯坦北部、喜马拉雅山脉、中国西部及南部、缅甸和中南半岛。甚常见的季候鸟及留鸟。指名亚种繁殖于西藏南部及东南部至云南北部及四川西南部；claudiae 见于四川、甘肃南部（白水江）、陕西南部（秦岭）及山西东南部；fokiensis 见于东南部；亚种 goodsoni 为留鸟，见于海南岛。指名亚种及 claudiae 冬季见于云南南部。亚种 claudiae 及 fokiensis 迁徙经华南及东南；迷鸟至河北北戴河。

四十五 树莺科 Scotocercidae

208 棕脸鹟莺 *Abroscopus albogularis*

雀形目 / PASSERIFORMES　树莺科 / Scotocercidae

识别特征　体型略小（10 cm）、色彩亮丽而有特色的莺。头栗色，具黑色侧冠纹。上体绿，腰黄色。下体白，颏及喉杂黑色点斑，上胸沾黄。与栗头鹟莺的区别在于头侧栗色，白色眼圈不显著且无翼斑。亚种 flavifacies 的脸部棕红色较重，上体色较深。虹膜褐色；嘴，上嘴色暗，下嘴色浅；脚粉褐色。叫声：尖厉的吱吱叫声。

生活习性　栖于常绿林及竹林密丛。

地理分布　尼泊尔至中国南方、缅甸、印度北部。甚常见留鸟。指名亚种见于西双版纳，可能也见于云南南部金屏地区；fulvifacies 广布于华中、华南及东南，包括海南岛及台湾。

209 远东树莺 *Horornis canturians*

雀形目 / PASSERIFORMES 树莺科 / Scotocercidae

识别特征 体大（17 cm）的通体棕色树莺。皮黄色的眉纹显著，眼纹深褐色，无翼斑或顶纹。虹膜褐色；嘴，上嘴褐色，下嘴色浅；脚粉红色。叫声：富音韵的咯叫声，以低颤音开始，结尾为 tu-u-u-teedle-ee-tee 的华彩乐段。

生活习性 通常尾略上翘。栖于高可至海拔 1 500 m 的次生灌丛。

地理分布 繁殖于东亚，越冬至印度东北部、中国南方、东南亚。甚常见。繁殖于甘肃南部、陕西南部（秦岭）、四川、河南、山西南部、湖北、安徽、江苏及浙江。越冬于长江以南的华南、东南及海南岛。

210 强脚树莺 *Horornis fortipes*

雀形目 / PASSERIFORMES　树莺科 / Scotocercidae

识别特征　体型略小（12 cm）的暗褐色树莺。具形长的皮黄色眉纹，下体偏白而染褐黄，尤其是胸侧、两胁及尾下覆羽。幼鸟黄色较多。甚似黄腹树莺但上体的褐色多且深，下体褐色深而黄色少，腹部白色少，喉灰色亦少；叫声也有别。虹膜褐色；嘴，上嘴深褐色，下嘴基色浅；脚肉棕色。叫声：鸣声为持续的上升音 weee 接爆破声 chiwiyou。也作连续的 tack tack 叫。

生活习性　藏于浓密灌丛，易闻其声但难将其赶出一见。通常独处。

地理分布　喜马拉雅山脉至中国南方、东南亚。甚常见留鸟。指名亚种见于西藏南部；davidiana 见于华中、华南、东南及西南；robustipes 见于台湾。

211 鳞头树莺 *Urosphena squameiceps*

雀形目 / PASSERIFORMES　树莺科 / Scotocercidae

识别特征　体小（10 cm）而尾极短的树莺。具明显的深色贯眼纹和浅色的眉纹；上体纯褐；下体近白，两胁及臀皮黄色；顶冠具鳞状斑纹。外形看似矮胖，翼宽且嘴尖细。与其他树莺的区别在于尾短。虹膜褐色；嘴，上嘴色深，下嘴色浅；脚粉红色。叫声：高音的似虫鸣声 see-see-see-see-see-see-see-see-see-see，收尾声更响亮，也有 chip-chip-chip 的低叫声。

生活习性　单独或成对活动。在繁殖区藏匿于海拔 1 300 m 以下的针叶林及落叶林多覆盖的地面或近地面处，在越冬区见于较开阔的多灌丛环境，高可至海拔 2 100 m。

地理分布　繁殖于东北亚，越冬于东南亚。甚常见。繁殖于中国东北（黑龙江的东南部），经华中、华东至东南、华南及台湾越冬。

四十六 长尾山雀科 Aegithalidae

212 银喉长尾山雀 *Aegithalos glaucogularis*

雀形目 / PASSERIFORMES　长尾山雀科 / Aegithalidae

识别特征　美丽而小巧蓬松的山雀（16 cm）。细小的嘴黑色，尾甚长，黑色而带白边。各亚种图纹色彩有别。中国东北的指名亚种身体几乎全白，但幼鸟头侧黑色。长江流域的亚种（glaucogularis）具宽的黑眉纹，翼上图纹褐色及黑色，下体沾粉色。幼鸟下体色浅，胸棕色。中国东部的亚种（vinaceus）似 glaucogularis 但色淡。虹膜深褐色，嘴黑色，脚深褐色。叫声：为短促的单音 ssrit，示警时发出金属般尖细颤音 seehwiwiwiwi。也作干涩的颤鸣声及高音 seeh-seeh-seeh，尤其在飞行联络时。

生活习性　性活泼，结小群在树冠层及低矮树丛中找食昆虫及种子。夜宿时挤成一排。

地理分布　诸多亚种见于整个欧洲及温带亚洲。常见于中国东北（指名亚种）、西南至华中及华北（vinaceus）和华中至华东（glaucogularis）的开阔林及林缘地带。

213 红头长尾山雀 *Aegithalos concinnus*

雀形目 / PASSERIFORMES　长尾山雀科 / Aegithalidae

识别特征　体小（10 cm）的活泼优雅山雀。各亚种有别。头顶及颈背棕色，过眼纹宽而黑，颏及喉白且具黑色圆形胸兜，下体白而具不同程度的栗色。亚种 talifuensis 及 concinnus 的下胸及腹部白色，胸带及两胁浓栗色；前者略显深。亚种 iredalei 下体多皮黄色，胸及两胁沾黄褐，上背及两翼灰色，尾近黑而缘白。幼鸟头顶色浅，喉白，具狭窄的黑色项纹。虹膜黄色，嘴黑色，脚橘黄色。叫声：似银喉长尾山雀。尖细的联络声 psip psip，低颤鸣声 chrr trrt trrt，嘶嘶声 si-si-si-si-li-u 及高音啭鸣。

生活习性　性活泼，结大群，常与其他种类混群。

地理分布　喜马拉雅山脉、缅甸、中南半岛、中国华南及华中。常见于海拔 1 400 ~ 3 200 m 的开阔林、松林及阔叶林。亚种 iredalei 见于西藏南部，talifuensis 见于西南，concinnus 见于华中、华南、东南及台湾。头顶灰色的亚种 pulchellus 可能出现在云南西南部西双版纳澜沧江以西。

四十七 鸦雀科 Paradoxornithidae

214 棕头鸦雀 *Sinosuthora webbiana*

雀形目 / PASSERIFORMES　鸦雀科 / Paradoxornithidae

识别特征　体型纤小（12 cm）的粉褐色鸦雀。嘴小似山雀，头顶及两翼栗褐色，喉略具细纹。眼圈不明显。有些亚种翼缘棕色。虹膜褐色；嘴灰色或褐色，嘴端色较浅；脚粉灰色。叫声：鸣声为高音的 tw'i-tu tititi 及 tw'i-tu tiutiutiutiu 等，短间隔后又重复，并间杂有短促的 twit 声，有时仅作 tiutiutiutiu。叫声为持续而微弱的啾啾叫声（据 C. Robson）。

生活习性　活泼而好结群，通常栖于林下植被及低矮树丛。轻的"呸"声易引出此鸟。

地理分布　中国、朝鲜及越南北部。常见留鸟于中等海拔的灌丛、棘丛及林缘地带。共有 7 个亚种，mantschuricus 见于中国东北部，fulvicauda 见于河北、北京及河南，指名亚种见于上海地区，bulomachus 见于台湾，ganluoensis 见于四川中部，stresemanni 见于贵州及云南东部，suffusus 见于华中、华东、华南及东南的大多数地区。

四十八 绣眼鸟科 Zosteropidae

215 红胁绣眼鸟 *Zosterops erythropleurus*

雀形目 / PASSERIFORMES 绣眼鸟科 / Zosteropidae

识别特征 中等体型（12 cm）的绣眼鸟。与暗绿绣眼鸟及灰腹绣眼鸟的区别在于上体灰色较多，两胁栗色（有时不显露），下颚色较淡，黄色的喉斑较小，头顶无黄色。虹膜红褐色，嘴橄榄色，脚灰色。叫声：本属特有的嘁喳叫声 dze-dze。

生活习性 有时与暗绿绣眼鸟混群。

地理分布 东亚，中国华东、华南及中南半岛。繁殖于中国东北，越冬往南至华中、华南及华东。地区性常见于海拔 1 000 m 以上原始林及次生林。

216 暗绿绣眼鸟 *Zosterops japonicus*

雀形目 / PASSERIFORMES　绣眼鸟科 / Zosteropidae

识别特征　体小（10 cm）而可人的群栖性鸟。上体鲜亮绿橄榄色，具明显的白色眼圈和黄色的喉及臀部。胸及两胁灰，腹白。无红胁绣眼鸟的栗色两胁及灰腹绣眼鸟腹部的黄色带。虹膜浅褐色，嘴灰色，脚偏灰。叫声：不断发出轻柔的 tzee 声及平静的颤音。

生活习性　性活泼而喧闹，于树顶觅食小型昆虫、小浆果及花蜜。

地理分布　日本、中国、缅甸及越南北部。亚种 simplex 为留鸟或夏季繁殖鸟，见于华东、华中、西南、华南、东南及台湾，冬季北方鸟南迁；hainana 为海南岛的留鸟；batanis 为留鸟，见于兰屿岛及台湾东南部火烧岛。常见于林地、林缘、公园及城镇。常被捕捉为笼鸟，因此有些逃逸鸟。

四十九 林鹛科 Timaliidae

217 斑胸钩嘴鹛 *Erythrogenys gravivox*

雀形目 / PASSERIFORMES 林鹛科 / Timaliidae

识别特征 体型略大（24 cm）的钩嘴鹛。无浅色眉纹，脸颊棕色。甚似锈脸钩嘴鹛但胸部具浓密的黑色点斑或纵纹。虹膜黄至栗色，嘴灰至褐色，脚肉褐色。叫声：双重唱，雄鸟发出响亮的 queue pee 声，雌鸟立即回以 quip 声。

生活习性 典型的栖于灌丛的钩嘴鹛。

地理分布 印度东北部，缅甸北部及西部，中南半岛北部，中国华东、华中及华南。甚常见留鸟于灌丛、棘丛及林缘地带。亚种 decarlei 见于西藏东南部、云南西北部及四川南部；dedekeni 见于西藏东部至四川西部；odicus 见于云南及贵州；abbreviatus 见于东南；swinhoei 见于华东；erythrocnemis 见于台湾；cowensae 见于华中；gravivox 见于甘肃南部、四川东北部、陕西南部、山西及河南西部。

218 棕颈钩嘴鹛 *Pomatorhinus ruficollis*

雀形目 / PASSERIFORMES 林鹛科 / Timaliidae

识别特征 体型略小（19 cm）的褐色钩嘴鹛。具栗色的颈圈、白色的长眉纹，眼先黑色，喉白，胸具纵纹。诸亚种细节有别，见下表。

亚种	胸	腹部	上背
godwini	白而具灰褐色纵纹	灰褐	褐
eidos	白而具橄榄褐色纵纹	橄榄褐而具白色纵纹	褐而沾栗色
similis	白而具褐色纵纹	橄榄褐而沾棕	褐
albipectus	几为白色	橄榄褐	褐
reconditus	白而具褐色纵纹	橄榄褐	褐
styani	棕褐而具白色纵纹	橄榄褐	褐而沾栗色
hunanensis	褐而具白色纵纹	橄榄褐	褐
stridulus	栗褐而具白色纵纹	浓褐	栗褐
musicus	白而具深栗色中央点斑	浓栗褐	深褐
nigrostellatus	深栗色而具白色纵纹	浓栗褐	深褐

虹膜褐色；嘴，上嘴黑，下嘴黄（亚种 reconditus 下嘴粉红）；脚铅褐色。

叫声：鸣声为2 ~ 3声的唿声，重音在第一音节，最末音较低。雌鸟有时以尖叫回应。

生活习性 栖息于平原或山地阔叶林、灌丛或竹丛间。巢呈杯形，每窝产卵 3 ~ 5 枚。主要以象甲、步行甲、鳞翅目幼虫等各种昆虫为食，也吃野果和杂草种子。

地理分布 喜马拉雅山脉、中南半岛北部、缅甸北部及西部，中国华中至华南、台湾及海南岛。甚常见于海拔 80 ~ 3 400 m 混交林、常绿林或有竹林的矮小次生林。有多个地理亚种，musicus 见于台湾；nigrostellatus 见于海南岛；stridulus 见于东南部武夷山；hunanensis 见于华中及华南山区；styani 见于甘肃南部至浙江、四川南部至北部及贵州北部；eidos 为四川峨眉山地区之特有；similis 见于四川西南部及云南西北部及西部；albipectus 在云南南部澜沧江及红河之间；godwini 见于西藏东南部。有些亚种间有中间色型出现。

219 红头穗鹛 *Cyanoderma ruficeps*

雀形目 / PASSERIFORMES　林鹛科 / Timaliidae

识别特征　体小（12.5 cm）的褐色穗鹛。顶冠棕色，上体暗灰橄榄色，眼先暗黄，喉、胸及头侧沾黄，下体黄橄榄色；喉具黑色细纹。与黄喉穗鹛的区别在于黄色较重，下体皮黄色较少。亚种 praecognita 上体灰色较少；goodsoni 喉黄而具深色纵纹；davidi 下体黄色。虹膜红色；嘴，上嘴近黑，下嘴较淡；脚棕绿色。叫声：鸣声似金头穗鹛但第一声后无停顿，为 pi-pi-pi-pi-pi-pi。低声吱叫及轻柔的四声哨音 whi-whi-whi-whi，似雀鹎。

生活习性　栖于森林、灌丛及竹丛。

地理分布　喜马拉雅山脉东部至中国华中、华南，缅甸北部及中南半岛。常见留鸟。亚种 bhamoensis 为留鸟，见于云南西部；指名亚种见于西藏东南部；davidi 见于华中、华南及东南；goodsoni 见于海南岛；praecognita 见于台湾。

五十 幽鹛科 Pellorneidae

220 灰眶雀鹛 *Alcippe morrisonia*

雀形目 / PASSERIFORMES 幽鹛科 / Pellorneidae

识别特征 体型略大（14 cm）的喧闹而好奇的群栖型雀鹛。上体褐色，头灰，下体灰皮黄色。具明显的白色眼圈。深色侧冠纹从显著至几乎缺乏。与褐脸雀鹛的区别在于下体偏白，脸颊多灰色且眼圈白色。虹膜红色，嘴灰色，脚偏粉色。叫声：鸣声为甜美的哨音 ji-ju ji-ju，常接有起伏而拖长的尖叫声。受惊扰时发出不安的颤鸣声。以"呸"声易吸引此鸟。

生活习性 常与其他种类混合于"鸟潮"中。大胆围攻小型鸮类及其他猛禽。

地理分布 中国南方，缅甸东北部、东部，中南半岛北部。常见留鸟于中等海拔区。亚种 yunnanensis 见于西藏东南部及云南西北部，fraterculus 见于云南西南部，schaefferi 见于云南东南部，rufescentior 见于海南岛，morrisoniana 见于台湾，hueti 见于广东至安徽，davidi 见于湖北西部至四川。

五十一 噪鹛科 Leiothrichidae

221 画眉 *Garrulax canorus*

雀形目 / PASSERIFORMES 噪鹛科 / Leiothrichidae

识别特征 体型略小（22 cm）的棕褐色鹛。特征为白色的眼圈在眼后延伸成狭窄的眉纹。顶冠及颈背有偏黑色纵纹。台湾亚种 taewanus 无白色眉纹，灰色较多且纵纹浓重。海南亚种 owstoni 具白色眼纹，但下体较淡，较亚种 canorus 下体多橄榄色。虹膜黄色，嘴偏黄，脚偏黄。叫声：鸣声为悦耳活泼而清晰的哨音，令爱鸟者倍加赞美。

生活习性 甚惧生，于腐叶间穿行找食。成对或结小群活动。

地理分布 中国华中及东南、台湾、海南岛和中南半岛北部。常见于华中、华南及东南的灌丛及次生林，高可至海拔 1 800 m。

222 黑脸噪鹛 *Garrulax perspicillatus*

雀形目 / PASSERIFORMES　噪鹛科 / Leiothrichidae

识别特征　体型略大（30 cm）的灰褐色噪鹛。特征为额及眼罩黑色；上体暗褐色；外侧尾羽端宽，深褐色；下体偏灰渐次为腹部近白，尾下覆羽黄褐色。虹膜褐色；嘴近黑，嘴端较淡；脚红褐色。叫声：联络及告警时的叫声响亮刺耳，叽叽喳喳的群鸟叫声。

生活习性　结小群活动于浓密灌丛、竹丛、芦苇地、田地及城镇公园。取食多在地面。性喧闹。

地理分布　留鸟见于中国华东、华中及华南和越南北部。常见于华南及华东适宜的低地生境，见于从陕西南部往南、四川中部及云南东部往东除海南岛外的地区。

223 白颊噪鹛 *Garrulax sannio*

雀形目 / PASSERIFORMES 噪鹛科 / Leiothrichidae

识别特征 中等体型（25 cm）的灰褐色噪鹛。尾下覆羽棕色，特征为皮黄白色的脸部图纹系眉纹及下颊纹由深色的眼后纹所隔开。亚种有细微差异。中国西南部及西藏东南部的鸟（comis）脸色较白，华中的亚种（oblectans）比东南及海南岛的指名亚种多橄榄色。虹膜褐色，嘴褐色，脚灰褐色。叫声：偏高的铃声般叫声和叽喳叫声，以及不连贯的咯咯叫声。

生活习性 不如大多数噪鹛那样惧生。隐匿于次生灌丛、竹丛及林缘空地。

地理分布 印度东北部、缅甸北部及东部、中国华中及华南包括海南岛、中南半岛北部。所有亚种均甚常见于中等海拔，高可至海拔 2 600 m。

224 红嘴相思鸟 *Leiothrix lutea*

雀形目 / PASSERIFORMES　噪鹛科 / Leiothrichidae

识别特征　色艳可人的小巧（15.5 cm）鹛类。具显眼的红嘴。上体橄榄绿色，眼周有黄色块斑，下体橙黄色。尾近黑而略分叉。翼略黑，红色和黄色的羽缘在歇息时呈明显的翼纹。虹膜褐色，嘴红色，脚粉红色。叫声：鸣声细柔但甚为单调。

生活习性　吵嚷成群栖于次生林的林下植被。鸣声欢快、色彩华美及相互亲热的习性使其常为笼中宠物。休息时常紧靠一起相互舔整羽毛。

地理分布　喜马拉雅山脉、印度阿萨姆、缅甸西部及北部、中国南方及越南北部。指名亚种为留鸟，见于华中及东南；kwantungensis 见于华南；yunnanensis 见于云南西部；calipyga 见于西藏南部及东南部。

五十二 鳾科 Sittidae

225 普通鳾 *Sitta europaea*

雀形目 / PASSERIFORMES 鳾科 / Sittidae

识别特征 中等体型（13 cm）而色彩优雅的鳾。上体蓝灰色，过眼纹黑色，喉白，腹部淡皮黄色，两胁浓栗色。诸亚种细部有别，asiatica 下体白；amurensis 具狭窄的白色眉纹，下体浅皮黄色；sinensis 整个下体粉皮黄色。虹膜深褐色；嘴黑色，下颚基部带粉色；脚深灰色。叫声：发出响而尖的 seet seet 叫声，似责骂声 twet-twet twet 及悦耳笛音的鸣声。

生活习性 在树干的缝隙及树洞中啄食橡树籽及坚果。飞行起伏呈波状。偶尔于地面取食。成对或结小群活动。

地理分布 古北界。甚常见于中国大部地区的落叶林区。亚种 scorsa 为中国西北部的留鸟；asiatica 见于中国东北的大兴安岭；amurensis 见于中国东北的其余地区；sinensis 见于中国华东、华中、华南及东南包括台湾。

五十三 鹪鹩科 Troglodytidae

226 鹪鹩 *Troglodytes troglodytes*

雀形目 / PASSERIFORMES 鹪鹩科 / Troglodytidae

识别特征 体型小巧（10 cm）的褐色而具横纹及点斑的似鹪鹛之鸟。尾上翘，嘴细。深黄褐的体羽具狭窄黑色横斑及模糊的皮黄色眉纹为其特征。亚种的基色调有异。中国西北部的亚种tianshanicus色最淡，喜马拉雅山脉亚种nipalensis色最深。虹膜褐色，嘴褐色，脚褐色。叫声：哑嗓的似责骂声chur，生硬的tic-tic-tic及强劲悦耳的鸣声包括清晰高音及颤音。

生活习性 尾不停地轻弹而上翘。在覆盖下悄然移动，突然跳出又轻捷跳开。飞行低，仅振翅作短距离飞行。冬季在缝隙内紧挤而群栖。

地理分布 全北界的南部至非洲西北部、印度北部、缅甸东北部、喜马拉雅山脉、中国及日本。繁殖于中国东北、西北、华北、华中、西南、台湾以及青藏高原东麓的针叶林和泥沼地。7个亚种在中国有见，tianshanicus见于西北；nipalensis见于西藏中部；szetschuanus见于西藏东南部及东部、四川、青海西部、甘肃南部、陕西南部和湖北西部；talifuensis见于云南；idius见于青海东部、甘肃北部、内蒙古西部、河北、湖南及陕西；dauricus见于东北；taivanus见于台湾。北方鸟冬季南迁至华东及华南的沿海省份。

五十四 河乌科 Cinclidae

227 褐河乌 *Cinclus pallasii*

雀形目 / PASSERIFORMES　河乌科 / Cinclidae

识别特征　体型略大（21 cm）的深褐色河乌。体无白色或浅色胸围。有时眼上的白色小块斑明显。亚种 tenuirostris 的褐色较其他亚种为淡。虹膜褐色，嘴深褐色，脚深褐色。叫声：尖厉的 dzchit dzchit 声。但不如河乌的叫声尖厉。圆润而有韵味的短促鸣声比河乌的鸣声悦耳。

生活习性　成对活动于高海拔的繁殖地，略有季节性垂直迁移。常栖于巨大砾石，头常点动，翘尾并偶尔抽动。在水面游泳然后潜入水中似小鸊鷉。炫耀表演时两翼上举并振动。

地理分布　南亚及东亚、喜马拉雅山脉、中国及中南半岛北部。常见于海拔 300 ~ 3 500 m 的湍急溪流。亚种 tenuirostris 为留鸟，见于天山西部、喜马拉雅山脉及西藏极南部。指名亚种为留鸟，见于华中、西南、华南、华东并东北及台湾。

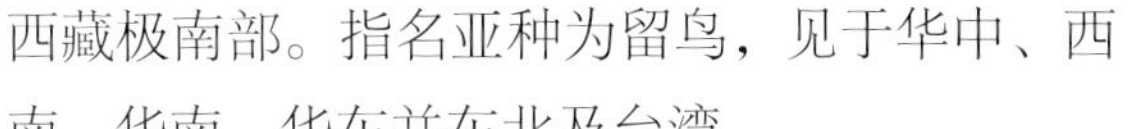

五十五 椋鸟科 Sturnidae

228 八哥 *Acridotheres cristatellus*

雀形目 / PASSERIFORMES　椋鸟科 / Sturnidae

识别特征　体大（26 cm）的黑色八哥。冠羽突出。与林八哥的区别在于冠羽较长，嘴基部红或粉红色，尾端有狭窄的白色，尾下覆羽具黑及白色横纹。虹膜橘黄；嘴浅黄色，嘴基红色；脚暗黄色。叫声：似家八哥。经笼养能学“说话”。

生活习性　结小群生活，一般见于旷野或城镇及花园，在地面高视阔步而行。

地理分布　中国及中南半岛。引种至菲律宾及婆罗洲。指名亚种为留鸟，见于长江中游水源处从四川东部及陕西南部至南方；brevipennis 见于海南岛；formosanus 见于台湾。

229 丝光椋鸟 *Spodiopsar sericeus*

雀形目 / PASSERIFORMES 椋鸟科 / Sturnidae

识别特征 体型略大（24 cm）的灰色及黑白色椋鸟。嘴红色，两翼及尾辉黑色，飞行时初级飞羽的白斑明显，头具近白色丝状羽，上体余部灰色。虹膜黑色；嘴红色，嘴端黑色；脚暗橘黄色。

生活习性 迁徙时成大群。

地理分布 中国、越南、菲律宾。留鸟见于中国华南及东南的大部地区包括台湾及海南岛，冬季分散至越南北部及菲律宾。于农田及果园并不罕见，高可至海拔 800 m。

230 灰椋鸟 *Spodiopsar cineraceus*

雀形目 / PASSERIFORMES　椋鸟科 / Sturnidae

识别特征　中等体型（24 cm）的棕灰色椋鸟。头黑色，头侧具白色纵纹，臀、外侧尾羽羽端及次级飞羽狭窄横纹白色。雌鸟色浅而暗。虹膜偏红；嘴黄色，尖端黑色；脚暗橘黄色。叫声：单调的吱吱叫声 chir-chir-chay-cheet-cheet。

生活习性　群栖性，取食于农田，飞行迅速，整群飞行。鸣声低微而单调。

地理分布　西伯利亚、中国、日本、越南北部及缅甸北部、菲律宾。繁殖于中国北部及东北，冬季迁徙经中国南部。常见于有稀疏树木的开阔郊野及农田。

231 北椋鸟 *Agropsar sturninus*

雀形目 / PASSERIFORMES　椋鸟科 / Sturnidae

识别特征　体型略小（18 cm）、背部深色的椋鸟。成年雄鸟：背部闪辉紫色；两翼闪辉绿黑色并具醒目的白色翼斑；头及胸灰色，颈背具黑色斑块；腹部白色。与紫背椋鸟的区别在于颈背斑块黑色且颈侧无栗色。雌鸟：上体烟灰色，颈背具褐色点斑，两翼及尾黑。亚成鸟：浅褐色，下体具褐色斑驳。虹膜褐色，嘴近黑，脚绿色。叫声：典型的椋鸟沙哑哨音及嘶叫声。

生活习性　取食于沿海开阔区域的地面。

地理分布　繁殖于从外贝加尔至中国东北，冬季迁至东南亚。繁殖于中国东北及北方；越冬迁徙经中国东南至华南及西南并海南岛。一般罕见，高可至中等海拔。

五十六 鸫科 Turdidae

232 橙头地鸫 *Geokichla citrina*

雀形目 / PASSERIFORMES　鸫科 / Turdidae

识别特征　中等体型（22 cm）、头为橙黄色的地鸫。雄鸟：头、颈背及下体深橙褐色，臀白色，上体蓝灰色，翼具白色横纹（亚种 innotata 翼上无横纹）。亚种 courtoisi、melli 及 aurimacula 的颊上具两道深色的垂直斑纹。雌鸟：上体橄榄灰色。亚成鸟：似雌鸟，但背具细纹及鳞状纹。虹膜褐色，嘴略黑，脚肉色。叫声：当地最善鸣的鸟，鸣声甜美清晰。告警时发出高声刺耳的哨音 teer-teer-teerrr。

生活习性　性羞怯，喜多荫森林，常躲藏在浓密覆盖下的地面。从树上栖处鸣叫。

地理分布　巴基斯坦至中国南部、东南亚。有些亚种为候鸟。不常见留鸟及候鸟，高可至海拔 1 500 m。亚种 aurimacula 为留鸟见于海南岛；melli 繁殖于贵州南部、广西及广东；innotata 于云南西部及南部有记录；courtoisi 繁殖于安徽（霍山）。

233 虎斑地鸫 *Zoothera aurea*

雀形目 / PASSERIFORMES　鸫科 / Turdidae

识别特征　体大（28 cm）并具粗大的褐色鳞状斑纹的地鸫。上体褐色，下体白色，黑色及金皮黄色的羽缘使其通体满布鳞状斑纹。虹膜褐色，嘴深褐色；脚带粉色。叫声：轻柔而单调的哨音及短促单薄的 tzeet 声。指名亚种鸣声多变，为缓慢断续的 chirrup…chwee…chueu… weep…chirrol…chup…。

生活习性　栖居茂密森林，于森林地面取食。

地理分布　广布于欧洲及印度至中国、东南亚。甚常见留鸟及季候鸟，高可至海拔 3 000 m。北方的亚种 aurea 繁殖于中国东北且迁徙时经中国全境，越冬于华南及东南包括台湾；南方的亚种 socia 繁殖于西藏南部及东部至四川、云南西北部、贵州、广西西部，越冬至云南南部（西双版纳）及西藏东南部；亚种 horsfieldi 为留鸟，见于台湾；日本亚种 toratugumi 越冬于台湾；指名亚种见于喜马拉雅山脉，可能在西藏东南部也有见。

234 灰背鸫 *Turdus hortulorum*

雀形目 / PASSERIFORMES　鸫科 / Turdidae

识别特征　体型略小（24 cm）的灰色鸫。两胁棕色。雄鸟：上体全灰，喉灰或偏白，胸灰，腹中心及尾下覆羽白，两胁及翼下橘黄。雌鸟：上体褐色较重，喉及胸白，胸侧及两胁具黑色点斑。与雌乌灰鸫的区别在于上体灰色较重，嘴黄；与雌黑胸鸫的区别在于胸较白。虹膜褐色，嘴黄色，脚肉色。叫声：鸣声清脆响亮，优美悦耳。告警时发出似喘息的 chuck chuck 声。

生活习性　在林地及公园的腐叶间跳动。甚惧生。

地理分布　繁殖于西伯利亚东部及中国东北，越冬至中国南方。甚常见。繁殖于中国东北大部包括黑龙江北部。迁徙经中国东部的大多数地区，越冬于长江以南。偶见于海南岛及台湾。

235 乌灰鸫 *Turdus cardis*

雀形目 / PASSERIFORMES　鸫科 / Turdidae

识别特征　体小（21 cm）的鸫。雄雌异色。雄鸟：上体纯黑灰，头及上胸黑色，下体余部白色，腹部及两胁具黑色点斑。雌鸟：上体灰褐色，下体白色，上胸具偏灰色的横斑，胸侧及两胁沾赤褐色，胸及两侧具黑色点斑。幼鸟褐色较浓，下体多赤褐色。雌鸟与黑胸鸫的区别在于腰灰色，黑色点斑延至腹部。虹膜褐色；嘴，雄鸟黄色，雌鸟近黑；脚肉色。叫声：鸣声圆润而带长长的颤鸣音，在高树顶上作叫。

生活习性　栖于落叶林，藏身于稠密植物丛及林子。甚羞怯。一般独处，但迁徙时结小群。

地理分布　繁殖于日本及中国东部，越冬于中国南方及中南半岛北部。不常见。繁殖于河南南部、湖北、安徽（颍上）及贵州。冬季南迁至海南岛、广西及广东。

236 乌鸫 *Turdus mandarinus*

雀形目 / PASSERIFORMES　鸫科 / Turdidae

识别特征　体型略大（29 cm）的全深色鸫。雄鸟全黑色，嘴橘黄色，眼圈略浅，脚黑。雌鸟上体黑褐，下体深褐色，嘴暗绿黄色至黑色。此鸟与所熟悉的乌鸫为同一种类。与灰翅鸫的区别在于翼全深色。虹膜褐色；嘴，雄鸟黄色，雌鸟黑色；脚褐色。叫声：鸣声甜美，但不如欧洲亚种悦耳，告警时的嘟叫声也大致相仿；飞行时发出 dzeeb 的叫声。

生活习性　于地面取食，静静地在树叶中翻找无脊椎动物、蠕虫，冬季也吃果实及浆果。

地理分布　欧亚大陆、北非、印度至中国，越冬至中南半岛。常见于中国大部林地、公园及园林，高可至海拔 4 000 m。亚种 maximus 为西藏南部及东南部的留鸟；sowerbyi 见于四川中部；intermedia 见于西北部（天山、喀什、罗布泊及柴达木盆地）；mandarinus 为留鸟，见于华中、华东、华南、西南及东南等地，部分鸟在海南岛越冬。

237 白眉鸫 *Turdus obscurus*

雀形目 / PASSERIFORMES　鸫科 / Turdidae

识别特征　中等体型（23 cm）的褐色鸫。白色过眼纹明显，上体橄榄褐色，头深灰色，眉纹白，胸带褐色，腹白而两侧沾赤褐色。虹膜褐色；嘴基部黄色，嘴端黑色；脚偏黄至深肉棕色。叫声：单薄的 zip-zip 声或拖长的 tseep 联络叫声。

生活习性　于低矮树丛及林间活动。性活泼喧闹，甚温驯而好奇。

地理分布　繁殖于古北界中部及东部；冬季迁徙至印度东北部、东南亚。甚常见的过境鸟，高可至海拔 2 000 m 的开阔林地及次生林，分布除青藏高原外遍及中国全境，部分鸟在中国极南部及西南越冬。

238 白腹鸫 *Turdus pallidus*

雀形目 / PASSERIFORMES　鸫科 / Turdidae

识别特征　中等体型（24 cm）的褐色鸫。腹部及臀白色。雄鸟头及喉灰褐色，雌鸟头褐色，喉偏白而略具细纹。翼衬灰或白色。似赤胸鸫但胸及两胁褐灰色而非黄褐色，外侧两枚尾羽的羽端白色甚宽。与褐头鸫的区别在于缺少浅色的眉纹。虹膜褐色；嘴，上嘴灰色，下嘴黄色；脚浅褐色。叫声：似赤胸鸫的 chuck-chuck 声，告警时发出粗哑连嘟声，受驱赶时发出高音的 tzee。

生活习性　栖于低地森林、次生植被、公园及花园。性羞怯，藏匿于林下。

地理分布　繁殖于东北亚，冬季南迁至东南亚。繁殖于中国东北，迁徙经华中至长江以南达广东、海南岛，偶至云南及台湾越冬。

239 红尾斑鸫 *Turdus naumanni*

雀形目 / PASSERIFORMES 鸫科 / Turdidae

识别特征 它的体背颜色以棕褐为主；下体白色，在胸部有红棕色斑纹围成一圈，两胁具红棕色点斑；眼上有清晰的白色眉纹。

生活习性 一般单独在田野的地面上栖息。

地理分布 为迁徙性鸟类，见于奥地利、白俄罗斯、比利时、中国、克罗地亚、塞浦路斯、捷克、朝鲜、丹麦、法罗群岛、芬兰、法国、德国、匈牙利、以色列、意大利、日本、哈萨克斯坦、韩国、科威特、蒙古、黑山、荷兰、挪威、阿曼、波兰、俄罗斯、沙特阿拉伯、塞尔维亚、斯洛文尼亚、英国。

240 斑鸫 *Turdus eunomus*

雀形目 / PASSERIFORMES　鸫科 / Turdidae

识别特征　中等体型（25 cm）而具明显黑白色图纹的鸫。具浅棕色的翼线和棕色的宽阔翼斑。雄鸟（亚种 eunomus）：耳羽及胸上横纹黑色而与白色的喉、眉纹及臀成对比，下腹部黑色而具白色鳞状斑纹。雌鸟：褐色及皮黄色较暗淡，斑纹同雄鸟，下胸黑色点斑较淡。虹膜褐色；嘴，上嘴偏黑，下嘴黄色；脚褐色。叫声：轻柔而甚悦耳的尖细叫声 chuck-chuck 或 kwa-kwa-kwa，也有似椋鸟的 swic 声，告警时发出快速的 kveveg 声。

生活习性　栖于开阔的多草地带及田野。冬季成大群。

地理分布　繁殖于东北亚，迁徙至喜马拉雅山脉、中国。迁徙时常见。指名亚种及 eunomus 经中国，于北纬 33° 以南越冬。

241 宝兴歌鸫 *Turdus mupinensis*

雀形目 / PASSERIFORMES　鸫科 / Turdidae

识别特征　中等体型（23 cm）的鸫。上体褐色，下体皮黄而具明显的黑点。与欧歌鸫的区别在于耳羽后侧具黑色斑块，白色的翼斑醒目。虹膜褐色，嘴污黄色，脚暗黄色。叫声：鸣声为一连串有节奏的悦耳之声，通常在 3 ~ 11 s 间发 3 ~ 5 声。多为平声，有时上升，偶尔模糊。

生活习性　一般栖于林下灌丛。单独或结小群。甚惧生。

地理分布　中国中部。偶见于湖北至甘肃南部及云南南部至西北部从低地至海拔 3 200 m 的混合林及针叶林。迷鸟有至山东。

五十七 鹟科 Muscicapidae

242 蓝歌鸲 *Larvivora cyane*

雀形目 / PASSERIFORMES 鹟科 / Muscicapidae

识别特征 中等体型（14 cm）的蓝色及白色或褐色歌鸲。雄鸟上体青石蓝色，宽宽的黑色过眼纹延至颈侧和胸侧，下体白色。雌鸟上体橄榄褐色，喉及胸褐色并具皮黄色鳞状斑纹，腰及尾上覆羽沾蓝。亚成鸟及部分雌鸟的尾及腰具些许蓝色。虹膜褐色，嘴黑色，脚粉白。叫声：冬季发出生硬的低 tak 声，也有响亮的 se-ic 声。

生活习性 栖于密林的地面或近地面处。

地理分布 繁殖于东北亚，冬季迁至印度、中国南方、东南亚。指名亚种繁殖于黑龙江。迁徙经华中至西南及华南越冬。亚种 bochaiensis 迁徙时经华东和东南至华南越冬。季节性常见于高至海拔 1 800 m 的森林。

243 红喉歌鸲 *Calliope calliope*

雀形目 / PASSERIFORMES　鹟科 / Muscicapidae

识别特征　中等体型（16 cm）而丰满的褐色歌鸲。具醒目的白色眉纹和颊纹，尾褐色，两胁皮黄，腹部皮黄白。雌鸟胸带近褐，头部黑白色条纹独特。成年雄鸟的特征为喉红色。虹膜褐色，嘴深褐色，脚粉褐色。叫声：响亮的下降调双哨音 ee-uk，告警时发轻柔深沉的 tschuck 声。鸣声为尖厉刺耳的长颤音。

生活习性　藏于森林密丛及次生植被，一般在近溪流处。

地理分布　繁殖于东北亚。冬季至印度、中国南方及东南亚。繁殖于中国东北、青海东北部至甘肃南部及四川。越冬于中国南方、台湾及海南岛。地区性非罕见鸟。

244 蓝喉歌鸲 *Luscinia svecica*

雀形目 / PASSERIFORMES　鹟科 / Muscicapidae

识别特征　雄鸟：中等体型（14 cm）的色彩艳丽的歌鸲。特征为喉部具栗色、蓝色及黑白色图纹，眉纹近白，外侧尾羽基部的棕色于飞行时可见。上体灰褐色，下体白色，尾深褐色。雌鸟：喉白而无橘黄色及蓝色，黑色的细颊纹与由黑色点斑组成的胸带相连。与雌性红喉歌鸲及黑胸歌鸲的区别在于尾部的斑纹不同。诸亚种的区别在于喉部红色点斑的大小（亚种 abbotti 最小）、蓝色的深浅度（亚种 saturator 深，svecica 浅）以及在蓝色与栗色胸带之间有无黑色带（svecica）。幼鸟暖褐色，具锈黄色点斑。虹膜深褐色，嘴深褐色；脚粉褐色。叫声：鸣声饱满似铃声，节拍加快，包括部分模仿其他鸟的鸣声。有时在夜间鸣叫。告警时叫声为 heet。联络叫声为粗哑的 truk 声。

生活习性　惧生，常留于近水的覆盖茂密处。多取食于地面。走似跳，不时地停下抬头及闪尾；站势直。飞行快速，径直躲入覆盖下。

地理分布　古北界、阿拉斯加，冬季南迁至印度、中国及东南亚。亚种 saturatior 和 kobdensis 繁殖于中国西北，指名亚种繁殖于中国东北，越冬鸟在中国西南及东南。其他亚种迁徙时经过中国，przevalksii 繁殖于西伯利亚，可能在内蒙古及青海也有繁殖，迁徙经中国中部；abbotti 繁殖于喜马拉雅山脉西段，在西藏西部也有记录。这些亚种经中国时甚常见于苔原带、森林、沼泽及荒漠边缘的各类灌丛。

245 红胁蓝尾鸲 *Tarsiger cyanurus*

雀形目 / PASSERIFORMES　鹟科 / Muscicapidae

识别特征　体型略小（15 cm）而喉白的鸲。特征为橘黄色两胁与白色腹部及臀成对比。雄鸟上体蓝色，眉纹白；亚成鸟及雌鸟褐色，尾蓝色。雌鸟与雌性蓝歌鸲的区别在于喉褐色而具白色中线，而非喉全白，两胁橘黄色而非皮黄色。亚种 rufilatus 的腰、小覆羽及眉纹为亮丽海蓝色，喉灰色较重。虹膜褐色，嘴黑色，脚灰色。叫声：为单音或双轻音的 chuck，声轻且弱的 churrr-chee 或 dirrh-tu-du-dirrrh。

生活习性　长期栖于湿润山地森林及次生林的林下低处。

地理分布　繁殖于亚洲东北部及喜马拉雅山脉。冬季迁至中国南方及东南亚。指名亚种繁殖于黑龙江；迁徙时经华东至长江以南、台湾及海南岛越冬。亚种 rufilatus 繁殖于青海东部至甘肃南部、陕西南部、四川及西藏东部，于云南南部及西藏东南部越冬。

246 蓝短翅鸫 *Brachypteryxmontana*

雀形目 / PASSERIFORMES　鹟科 / Muscicapidae

识别特征　中等体型（15 cm）的深蓝色（雄鸟）或褐色（雌鸟）短翅鸫。诸亚种有异。亚种 sinensis 的雄鸟上体深青石蓝色，白色的眉纹明显，下体浅灰色，尾及翼黑色，肩具白色块斑。亚种 cruralis 的雄鸟眼先及前额带黑色，无白色肩块，下体深蓝色。亚种 goodfellowi 的雄鸟褐色似雌鸟。亚种 sinensis 及 goodfellowi 的雌鸟暗褐色，胸浅褐色，腹中心近白，两翼及尾棕色；雌鸟眉纹白，被掩盖部分较小；亚成鸟具褐色杂斑。虹膜褐色，嘴黑色，脚肉色略沾灰。

生活习性　性羞怯，栖于植被覆盖茂密的地面，常近溪流。有时见于开阔林间空地，甚至于山顶多岩的裸露斜坡。栖居习性根据是否有合适食物而变。

地理分布　喜马拉雅山至中国南方、东南亚。地区性常见于海拔 1 400 ～ 3 000 m。亚种 sinensis 见于中国东南部、陕西南部（秦岭）、广东北部及香港；cruralis 为留鸟，见于西藏东南部、云南西北部及四川南部峨眉山，越冬于云南南部；goodfellowi 见于台湾。

247 鹊鸲 *Copsychus saularis*

雀形目 / PASSERIFORMES　鹟科 / Muscicapidae

识别特征　中等体型（20 cm）的黑白色鸲。雄鸟：头、胸及背闪辉蓝黑色，两翼及中央尾羽黑色，外侧尾羽及覆羽上的条纹白色，腹及臀亦白。雌鸟似雄鸟，但暗灰取代黑色。亚成鸟似雌鸟但为杂斑。虹膜褐色，嘴及脚黑色。叫声：哀婉的 swee swee 叫声及粗哑的 chrrr 声。有多种活泼的鸣声包括模仿其他鸟的叫声，但缺少白腰鹊鸲那种浓郁的音调。

生活习性　常光顾花园、村庄、次生林、开阔森林及红树林。飞行时易见，栖于显著处鸣唱或炫耀。取食多在地面，不停地把尾低放展开又骤然合拢伸直。

地理分布　印度、中国南方、东南亚。常见于低海拔地带，高可至海拔 1 700 m。亚种 prosthopellus 为留鸟，见于中国北纬 33° 以南的多数地区。亚种 erimelas 见于西藏东南部及云南西部。部分地区罕见的原因在于常被捉作笼鸟。

248 北红尾鸲 *Phoenicurus auroreus*

雀形目 / PASSERIFORMES　鹟科 / Muscicapidae

识别特征　中等体型（15 cm）而色彩艳丽的红尾鸲。具明显而宽大的白色翼斑。雄鸟：眼先、头侧、喉、上背及两翼褐黑色，仅翼斑白色；头顶及颈背灰色而具银色边缘；体羽余部栗褐色，中央尾羽深黑褐色。雌鸟：褐色，白色翼斑显著，眼圈及尾皮黄色似雄鸟，但色较暗淡。臀部有时为棕色。虹膜褐色，嘴黑色，脚黑色。叫声：为一连串轻柔哨音接轻柔的tac-tac声，也作短而尖的哨音peep或hit、wheet声；鸣声为一连串欢快的哨音。

生活习性　夏季栖于亚高山森林、灌木丛及林间空地，冬季栖于低地落叶矮树丛及耕地。常立于突出的栖处，尾颤动不停。

地理分布　为留鸟，见于东北亚及中国，迁徙至日本、中国南方、喜马拉雅山脉、缅甸及中南半岛北部。指名亚种繁殖于中国东北及河北，在山东及江西山区也有记录（越冬在华南、东南、台湾及海南岛）。有争议的亚种leucopterus繁殖于青海东部、甘肃、宁夏、陕西秦岭、四川北部及西部、云南北部、西藏东南部，越冬于云南南部。一般性常见鸟。

249 红尾水鸲 *Phoenicurus fuliginosus*

雀形目 / PASSERIFORMES 鹟科 / Muscicapidae

识别特征 体小（14 cm）的雄雌异色水鸲。栖于溪流旁。雄鸟：腰、臀及尾栗褐色，其余部位深青石蓝色。与多数红尾鸲的区别在于无深色的中央尾羽。雌鸟：上体灰，眼圈色浅；下体白，灰色羽缘成鳞状斑纹，臀、腰及外侧尾羽基部白色；尾余部黑色；两翼黑色，覆羽及三级飞羽羽端具狭窄白色。与小燕尾的区别在于尾端槽口，头顶无白色，翼上无横纹。雄雌两性均具明显的不停弹尾动作。幼鸟灰色上体具白色点斑。亚种 affinis 的雄鸟尾上覆羽棕色，雌鸟尾部白色较少，下体鳞状斑纹仅限于腹中心。虹膜深褐色，嘴黑色，脚褐色。叫声：尖哨音 ziet ziet，占域时发出威胁性的 kree 声；鸣声为快捷短促的金属般碰撞声 streee-treee-tree-treeeh，栖于岩上或于飞行时发出。

生活习性 单独或成对。几乎总是在多砾石的溪流及河流两旁，或停栖于水中砾石。尾常摆动。在岩石间快速移动。炫耀时停在空中振翼，尾扇开，作螺旋形飞回栖处。领域性强，但常与河乌、溪鸲或燕尾混群。

地理分布 巴基斯坦、喜马拉雅山脉至中国（包括海南岛和台湾）及中南半岛北部。常见的垂直性迁移候鸟，见于海拔 1 000 ~ 4 300 m 的湍急溪流及清澈河流。亚种 fuliginosus 见于西藏南部、海南岛及华南大部，北至青海、甘肃、陕西、山西、河南及山东。亚种 affinis 见于台湾，海拔 600 ~ 2 000 m。

250 白顶溪鸲 *Phoenicurus leucocephalus*

雀形目 / PASSERIFORMES　鹟科 / Muscicapidae

识别特征　大（19 cm）的黑色及栗色溪鸲。头顶及颈背白色，腰、尾基部及腹部栗色。雄雌同色。亚成鸟色暗而近褐，头顶具黑色鳞状斑纹。虹膜褐色，嘴黑色，脚黑色。叫声：为甚哀怨的尖亮上升音 tseeit tseeit，鸣声为细弱的高低起伏哨音。

生活习性　常立于水中或于近水的突出岩石上，降落时不停地点头且具黑色羽梢的尾不停抽动。求偶时作奇特的摆晃头部的炫耀。

地理分布　中亚、喜马拉雅山脉、中国，越冬至印度及中南半岛。甚常见于中国多数地区和喜马拉雅山脉的山间溪流及河流。繁殖于上水头，可高至海拔 4 000 m，但冬季沿河溪下迁。

251 紫啸鸫 *Myophonus caeruleus*

雀形目 / PASSERIFORMES 鹟科 / Muscicapidae

识别特征 体大（32 cm）的近黑色啸鸫。通体蓝黑色，仅翼覆羽具少量的浅色点斑。翼及尾沾紫色闪辉，头及颈部的羽尖具闪光小羽片。诸亚种于细部上有异。指名亚种嘴黑色，temminckii 及 eugenei 嘴黄色，temminckii 中覆羽羽尖白色。虹膜褐色，嘴黄色或黑色，脚黑色。叫声：笛音鸣声及模仿其他鸟的叫声，告警时发出尖厉高音 eer-ee-ee，似燕尾。

生活习性 栖于临河流、溪流或密林中的多岩石露出处。地面取食，受惊时慌忙逃至覆盖下并发出尖厉的警叫声。

地理分布 土耳其至印度及中国、东南亚。常见留鸟于中海拔至 3 650 m 的山林。亚种 temminckii 为留鸟，见于西藏南部及东南部；eugenei 为中国西南部留鸟；指名亚种为中国北方东部、华中、华东、华南及东南的留鸟。

252 白额燕尾 *Enicurus leschenaulti*

雀形目 / PASSERIFORMES　鹟科 / Muscicapidae

识别特征　中等体型（25 cm）的黑白色燕尾。前额和顶冠白（其羽有时耸起成小凤头状）；头余部、颈背及胸黑色；腹部、下背及腰白；两翼和尾黑色，尾叉甚长而羽端白色；两枚最外侧尾羽全白。虹膜褐色，嘴黑色，脚偏粉。叫声：响而薄尖的双哨音 tsee-eet，特别刺耳。

生活习性　性活跃好动，喜多岩石的湍急溪流及河流。停栖于岩石或在水边行走，寻找食物并不停地展开叉形长尾。飞行近地面而呈波状，且飞且叫。

地理分布　印度北部、中国南方、东南亚。为清澈山溪两旁的常见鸟，高可至海拔 1 400 m。亚种 sinensis 为留鸟，见于河南至陕西、甘肃南部及长江以南所有地区包括海南岛。亚种 indicus 为西藏东南部及云南西南部的留鸟。

253 黑喉石䳭 *Saxicola maurus*

雀形目 / PASSERIFORMES　鹟科 / Muscicapidae

识别特征　中等体型（14 cm）的黑、白色及赤褐色䳭。雄鸟头部及飞羽黑色，背深褐色，颈及翼上具粗大的白斑，腰白，胸棕色。雌鸟色较暗而无黑色，下体皮黄色，仅翼上具白斑。亚种 presvalskii 的喉皮黄色，下体黄褐色。与雌性白斑黑石䳭的区别在于色彩较浅，且翼上具白斑。虹膜深褐色，嘴黑色，脚近黑。叫声：责骂声 tsack-tsack，似两块石头的敲击声。

生活习性　喜开阔的栖息生境，如农田、花园及次生灌丛。栖于突出的低树枝以跃下地面捕食猎物。

地理分布　繁殖于古北界、日本、喜马拉雅山脉及东南亚的北部；冬季至非洲、中国南方、印度及东南亚。亚种 stejnegeri 繁殖于中国东北，越冬于长江以南包括海南岛；presvalskii 繁殖于新疆南部经青海、甘肃、陕西、四川至西藏南部及西南地区；冬季北方鸟南迁；maura 繁殖于新疆北部及西部。

254 东亚石䳭 *Saxicola stejnegeri*

雀形目 / PASSERIFORMES 鹟科 / Muscicapidae

识别特征 中等体型（14 cm）的黑、白色及赤褐色䳭。雄鸟头部及飞羽黑色，背深褐色，颈及翼上具粗大的白斑，腰白，胸棕色。雌鸟色较暗而无黑色，下体皮黄色，仅翼上具白斑。与雌性白斑黑石䳭的区别在于色彩较浅，且翼上具白斑。虹膜深褐色，嘴黑色，脚近黑。叫声：责骂声tsack-tsack，似两块石头的敲击声。

生活习性 喜开阔的栖息生境，如农田、花园及次生灌丛。栖于突出的低树枝以跃下地面捕食猎物。

地理分布 繁殖于古北界，冬季至中国南方、东南亚。繁殖于中国东北，越冬于长江以南包括海南岛。

255 蓝矶鸫 *Monticola solitarius*

雀形目 / PASSERIFORMES 鹟科 / Muscicapidae

识别特征 中等体型（23 cm）的青石灰色矶鸫。雄鸟暗蓝灰色，具淡黑及近白色的鳞状斑纹。腹部及尾下深栗色，亚种 pandoo 为蓝色。与雄性栗腹矶鸫的区别在于无黑色脸罩，上体蓝色较暗。雌鸟上体灰色沾蓝，下体皮黄色而密布黑色鳞状斑纹。亚成鸟似雌鸟但上体具黑白色鳞状斑纹。虹膜褐色，嘴黑色，脚黑色。叫声：恬静的呱呱叫声及粗喘的高叫声，以及短促甜美的笛音鸣声。

生活习性 常栖于突出位置如岩石、房屋柱子及死树上，冲向地面捕捉昆虫。

地理分布 分布广泛，为留鸟及候鸟，见于欧亚大陆、中国、东南亚。一般常见，尤其在中国东部。亚种 longirostris 繁殖于西藏西南部；pandoo 分布于新疆西北部、西藏南部、四川、甘肃南部、宁夏、陕西南部、云南、贵州及长江以南地区，迷鸟至台湾及海南岛；philippensis 繁殖于东北至山东、河北及河南；迁徙时经中国南方大多数地区及台湾。

256 白喉矶鸫 *Monticola gularis*

雀形目 / PASSERIFORMES　鹟科 / Muscicapidae

识别特征　体型小（19 cm）的矶鸫。两性异色。雄鸟：蓝色限于头顶、颈背及肩部的闪斑；头侧黑，下体多橙栗色。与其他矶鸫的区别在于喉块白色，除蓝矶鸫外，与所有其他矶鸫的区别在于白色翼纹。雌鸟：与其他雌性矶鸫的区别在于上体具黑色粗鳞状斑纹；与虎斑地鸫的区别在于体型较小，喉白，眼先色浅，耳羽近黑。虹膜褐色，嘴近黑，脚暗橘黄色。叫声：告警时发出粗哑叫声，夜晚发出优美而伤感的鸣声。

生活习性　甚安静而温驯，常长时间静立不动。栖于混合林、针叶林或多草的多岩地区。冬季结群。

地理分布　繁殖于古北界的东北部，越冬于中国南方及东南亚。偶见于日本。甚常见。繁殖于中国东北、河北及山西南部。冬季南迁至中国南部及极东南部。

257 灰纹鹟 *Muscicapa griseisticta*

雀形目 / PASSERIFORMES 鹟科 / Muscicapidae

识别特征 体型略小（14 cm）的褐灰色鹟。眼圈白，下体白，胸及两胁满布深灰色纵纹。额具一狭窄的白色横带（野外不易看见），并具狭窄的白色翼斑。翼长，几至尾端。较乌鹟无半颈环，较斑鹟体小且胸部多纵纹。虹膜褐色，嘴黑色，脚黑色。叫声：响亮悦耳的 chipee、tee-tee 声。

生活习性 性惧生，栖于密林、开阔森林及林缘，甚至在城市公园的溪流附近。

地理分布 繁殖于东北亚，冬季迁徙至婆罗洲、菲律宾、苏拉威西岛及新几内亚。不常见。繁殖于中国极东北部的落叶林，但迁徙经华东、华中及华南和台湾。

258 乌鹟 *Muscicapa sibirica*

雀形目 / PASSERIFORMES 鹟科 / Muscicapidae

识别特征 体型略小（13 cm）的烟灰色鹟。上体深灰色，翼上具不明显皮黄色斑纹，下体白色，两胁深色具烟灰色杂斑，上胸具灰褐色模糊带斑；白色眼圈明显，喉白，通常具白色的半颈环；下脸颊具黑色细纹，翼长至尾的2/3。诸亚种的下体灰色程度不同。亚成鸟脸及背部具白色点斑。虹膜深褐色，嘴黑色，脚黑色。叫声：活泼的金属般叮当声 chi-up chi-up chi-up；不似褐胸鹟粗哑。鸣声复杂，为重复的一连串单薄音加悦耳的颤音及哨音。

生活习性 栖于山区或山麓森林的林下植被层及林间。紧立于裸露低枝，冲出捕捉过往昆虫。

地理分布 繁殖于东北亚及喜马拉雅山脉；冬季迁徙至中国南方、东南亚。指名亚种繁殖于中国东北，越冬于华南、华东、海南岛及台湾；rothschildi 繁殖于陕西南部的秦岭、甘肃东南部、青海东南部、西藏东部及四川，越冬于南方；cacabata 繁殖于西藏南部。甚常见于常绿林及林地，高可至海拔 4 000 m；在低地越冬。

259 北灰鹟 *Muscicapa dauurica*

雀形目 / PASSERIFORMES 鹟科 / Muscicapidae

识别特征 体型略小（13 cm）的灰褐色鹟。上体灰褐色，下体偏白，胸侧及两胁褐灰色，眼圈白色，冬季眼先偏白色。亚种 cinereoalba 多灰色，嘴比乌鹟或棕尾褐鹟长且无半颈环。新羽的鸟具狭窄白色翼斑，翼尖延至尾的中部。虹膜褐色；嘴黑色，下嘴基黄色；脚黑色。叫声：为尖而干涩的颤音 tit-tit-tit-tit，鸣声为短促的颤音间杂短哨音。

生活习性 从栖处捕食昆虫，回到栖处后尾作独特的颤动。

地理分布 繁殖于东北亚及喜马拉雅山脉，边缘分布于东南；冬季南迁至印度、东南亚。繁殖于中国北方包括东北，迁徙经华东、华中及台湾，冬季至南方包括海南岛越冬。亚种 latirostris 常见于各种高度的林地及园林，但冬季在低地越冬；cinereoalba 有可能在中国出现。

260 白眉姬鹟 *Ficedula zanthopygia*

雀形目 / PASSERIFORMES 鹟科 / Muscicapidae

识别特征 雄鸟：体小（13 cm）的黄、白及黑色的鹟。腰、喉、胸及上腹黄色，下腹、尾下覆羽白色，其余黑色，仅眉线及翼斑白色。雌鸟：上体暗褐色，下体色较淡，腰暗黄色。雄鸟白色眉纹和黑色背部及雌鸟的黄色腰各有别于黄眉姬鹟的雄雌两性。虹膜褐色，嘴黑色，脚黑色。叫声：深喘息声 tr-r-r-rt，较红喉姬鹟音低。

生活习性 喜灌丛及近水林地。

地理分布 繁殖于东北亚，冬季南迁至中国南方、东南亚。繁殖于中国东北、华中、华东及北纬 29° 以北地带。迁徙经中国南方。甚常见，高可至海拔 1 000 m。

261 黄眉姬鹟 *Ficedula narcissina*

雀形目 / PASSERIFORMES　鹟科 / Muscicapidae

识别特征　雄鸟：体小（13 cm）的黑色及黄色的鹟。指名亚种上体黑色，腰黄色，翼具白色块斑，以黄色的眉纹为特征，下体多为橘黄色。亚种 elisae 的背偏绿，眼先黄，无眉纹，下腹部及尾下覆羽黄色。雌鸟：上体橄榄灰，尾棕色，下体浅褐沾黄。与白眉姬鹟的区别在于腰无黄色。亚种 elisae 的雌鸟上体偏绿，下体黄。虹膜深褐色，嘴蓝黑色；脚铅蓝色。叫声：冬季通常无声。鸣声悦耳，为重复的啭鸣及三音节哨音如 o-shin-tsuk-tsuk，也模仿其他鸟的叫声。

生活习性　具鹟类的典型特性，从树的顶层及树间捕食昆虫。

地理分布　繁殖于东北亚；冬季至泰国南部、马来半岛、菲律宾及婆罗洲。指名亚种繁殖于西伯利亚及日本；迁徙经中国华东、华南及台湾，至菲律宾；部分鸟在海南岛越冬。亚种 elisae 繁殖于河北及陕西，迁徙至东南亚。通常不常见。

262 绿背姬鹟 *Ficedula elisae*

雀形目 / PASSERIFORMES　鹟科 / Muscicapidae

识别特征　雄鸟上体从前额、头顶、枕、头侧、后颈、颈侧，一直到背、肩概为橄榄黄绿色，腰和尾上覆羽柠檬黄色，尾暗褐色或黑色，翅上覆羽灰黑色或黑褐色，羽缘灰色或橄榄灰绿色，中覆羽和大覆羽尖端污白色，大翅上形成明显的翅斑。飞羽黑褐色，初级飞羽和外侧次级飞羽外翈羽缘灰绿色或暗橄榄色，最外侧三级飞羽外翈羽缘白色，最内侧两枚羽缘灰色。眼先、眼圈和眉纹柠檬黄色，颊和耳覆羽黄绿色。下体从颏、喉至尾下覆羽等整个下体柠檬黄色，尤以颏、喉、胸侧和上腹较深和鲜艳，胸侧的两胁还沾有橄榄绿色，下腹和尾下覆羽浅柠檬黄色。雌鸟上体橄榄灰绿色，腰和尾上覆羽暗绿黄色，眼先、眼圈和眉纹灰黄白色。下体淡黄白色，喉和胸侧具橄榄灰褐色或绿色鳞斑状，胸微沾柠檬黄色，两胁微沾橄榄灰色，尾下覆羽污黄白色。虹膜暗褐色，嘴黑褐色或黑色，脚铅蓝色或黑色。

生活习性　栖息于山地阔叶林、针阔叶混交林和林缘地带，海拔可达 2 000 m 左右。常单独或成对活动，多在树冠层枝叶间活动，从树的顶层及树间捕食昆虫，也飞到空中捕食飞行性昆虫。主要以鞘翅目、鳞翅目、直翅目、膜翅目等昆虫为食。

地理分布　分布于中国、马来西亚、泰国和越南。

263 鸲姬鹟 *Ficedula mugimaki*

雀形目 / PASSERIFORMES 鹟科 / Muscicapidae

识别特征 雄鸟：体型略小（13 cm）的橘黄色及黑白色的鹟。上体灰黑色，狭窄的白色眉纹于眼后；翼上具明显的白斑，尾基部羽缘白色；喉、胸及腹侧橘黄色；腹中心及尾下覆羽白色。雌鸟：上体包括腰褐色，下体似雄鸟但色淡，尾无白色。亚成鸟：上体全褐色，下体及翼纹皮黄色，腹白色。虹膜深褐色，嘴暗角质色，脚深褐色。叫声：轻柔的 turrrr 叫声。

生活习性 喜林缘地带、林间空地及山区森林。尾常抽动并扇开。

地理分布 繁殖于亚洲北部；冬季南迁至东南亚。繁殖于中国东北。过境鸟经华东、华中及台湾。为不常见的越冬鸟，见于广西、广东及海南岛。

264 红喉姬鹟 *Ficedula albicilla*

雀形目 / PASSERIFORMES　鹟科 / Muscicapidae

识别特征　体型小（13 cm）的褐色鹟。尾色暗，基部外侧明显白色。繁殖期雄鸟胸红沾灰，但冬季难见。雌鸟及非繁殖期雄鸟暗灰褐色，喉近白，眼圈狭窄白色。尾及尾上覆羽黑色区别于北灰鹟。虹膜深褐色，嘴黑色，脚黑色。叫声：遇警时发出粗糙的 trrrt 声、静静的 tic 声及粗哑的 tzit 声。

生活习性　栖于林缘及河流两岸的较小树上。有险情时冲至隐蔽处。尾展开显露基部的白色并发出粗哑的咯咯声。

地理分布　繁殖于古北界，冬季迁徙至中国、东南亚。迁徙经中国东半部。常见越冬于广西、广东及海南岛。

265 白腹蓝鹟 *Cyanoptila cyanomelana*

雀形目 / PASSERIFORMES　鹟科 / Muscicapidae

识别特征　雄鸟：体大（17 cm）的蓝、黑及白色鹟。特征为脸、喉及上胸近黑，上体闪光钴蓝色，下胸、腹及尾下的覆羽白色。外侧尾羽基部白色，深色的胸与白色腹部截然分开。亚种 cumatilis 青绿色、深绿蓝色取代黑色。雌鸟：上体灰褐色，两翼及尾褐色，喉中心及腹部白色。与北灰鹟的区别在于体型较大且无浅色眼先。雄性幼鸟的头、颈背及胸近烟褐色，但两翼、尾及尾上覆羽蓝色。虹膜褐色，嘴及脚黑色。叫声：粗哑的 tchk tchk 声。冬季通常不叫。

生活习性　喜有原始林及次生林的多林地带，在高林层取食。

地理分布　繁殖于东北亚；冬季南迁至中国、马来半岛、菲律宾及大巽他群岛。指名亚种迁徙经中国东半部；部分鸟在台湾及海南岛越冬。亚种 cumatilis 繁殖于中国东北，迁徙经中国南方及西南地区至东南亚越冬。不常见于高至海拔 1 200 m 的热带山麓森林。

266 中华仙鹟 *Cyornis glaucicomans*

雀形目 / PASSERIFORMES　鹟科 / Muscicapidae

识别特征　小型深蓝色仙鹟，体长约 14 cm。成年雄鸟上体包括头部、两翅和尾上覆羽深蓝色，飞行有时沾棕黑色，眉纹、小覆羽和腰部至尾基辉海蓝色。颏、喉部两侧和颈侧深蓝色，喉部中央与上胸橘黄色，下胸和腹部白色或乳白色。雌鸟上体包括头部、两翅和尾上覆羽暗橄榄褐色，眼先和眼圈皮黄色，尾红褐色，两翼黑褐色。颏、喉乳黄色，胸浅棕色，下腹和尾下覆羽白色或乳白色。嘴黑色或黑褐色，虹膜黑色，跗跖浅褐色或肉色。相似种山蓝仙鹟雌鸟颏至胸棕红色，比中华仙鹟雌鸟更显红，且有些个体眼先也为棕红色而非皮黄色，尾棕褐色且不发红。

生活习性　在我国为夏候鸟和冬候鸟。繁殖于低山常绿阔叶林，偏好阴郁的林带，也出现在针阔混交林和林缘地带。海拔可至 150 m 左右。主要以昆虫成虫和昆虫幼虫为食。

地理分布　繁殖地主要在中国境内，夏季见于华中西部和中国西南，越冬于西南地区和华南，国外冬季见于泰国南部和马来半岛。繁殖季节出现于湖北西北部，陕西南部，重庆北部、东部和南部，贵州北部，云南东部、东南部和南部，四川北部和东北部山区，以及成都平原以西的低海拔山地，迁徙途经四川中西部和南部，贵州大部，云南西北部、中部、西南部和华南，越冬于云南西南部和南部，以及部分华南地区。

267 白喉林鹟 *Rhinomyias brunneata*

雀形目 / PASSERIFORMES　鹟科 / Muscicapidae

识别特征　中等体型（15 cm）而难以形容的偏褐色鹟，胸带浅褐色。颈近白而略具深色鳞状斑纹，下颚色浅。亚成鸟上体皮黄色而具鳞状斑纹，下颚尖端黑色。看似翼短而嘴长。虹膜褐色；嘴，上颚近黑色，下颚基部偏黄色；脚粉红色。叫声：粗哑的颤鸣声。

生活习性　栖于高可至海拔 1 100 m 的林缘下层、茂密竹丛、次生林及人工林。

地理分布　中国南方，冬季南迁至马来半岛及尼科巴群岛。指名亚种为中国东南部的不常见夏季繁殖鸟。

五十八 戴菊科 Regulidae

268 戴菊 *Regulus regulus japonensis*

雀形目 / PASSERIFORMES 戴菊科 / Regulidae

识别特征 体型娇小（9 cm）而色彩明快的偏绿色似柳莺的鸟。翼上具黑白色图案，以金黄色或橙红色（雄鸟）的顶冠纹并两侧缘以黑色侧冠纹为其特征。上体全橄榄绿至黄绿色；下体偏灰或淡黄白色，两胁黄绿色。眼周浅色使其看似眼小且表情茫然。各亚种细部有别。亚种 coatsi 较其他亚种色浅；japonensis 体色较深，颈背灰色较重且翼上白色横纹宽；himalayensis 的下体较白；sikkimensis 较 himalayensis 色深，绿色较重；而 yunnanensis 的体色更深，绿色更重，下体皮黄色，两胁灰色；tristis 几无黑色侧冠纹，下体较暗淡。幼鸟无头顶冠纹，与部分 Phylloscopus 属柳莺可能混淆，但无过眼纹或眉纹，且头大，眼周灰色，眼小似珠。虹膜深褐色，嘴黑色，脚偏褐。叫声：尖细高音 sree sree sree，告警时发出重音 tseet，鸣声为高调的重复型短句。

生活习性 通常独栖于针叶林的林冠下层。加入迁徙鸟潮。

地理分布 古北界，从欧洲至西伯利亚及日本，包括中亚、喜马拉雅山脉及中国。常见于多数温带及亚高山针叶林。亚种 coatsi 越冬于南山且可能在阿尔泰山；japonensis 为留鸟或夏季繁殖鸟，见于中国东北，越冬至华东和台湾；sikkimensis 为留鸟，见于喜马拉雅山脉东部至中国西部及西藏南部；yunnanensis 见于甘肃南部及陕西南部经四川至云南；tristis 见于新疆西北部天山。

五十九 太平鸟科 Bombycillidae

269 小太平鸟 *Bombycilla japonica*

雀形目 / PASSERIFORMES 太平鸟科 / Bombycillidae

识别特征 体型略小（16 cm）的太平鸟。尾端绯红色显著。与太平鸟的区别在于黑色的过眼纹绕过冠羽延伸至头后，臀绯红。次级飞羽端部无蜡样附着，但羽尖绯红。缺少黄色翼带。虹膜褐色，嘴近黑，脚褐色。叫声：群鸟发出高音的咬舌音。

生活习性 结群在果树及灌丛间活动。

地理分布 西伯利亚东部及中国东北部，越冬至日本及琉球群岛。不定期繁殖鸟见于黑龙江的小兴安岭。越冬鸟群有时至湖北及山东。极少数在福建、台湾及华中有记录。

六十 梅花雀科 Estrildidae

270 白腰文鸟 *Lonchura striata*

雀形目 / PASSERIFORMES　梅花雀科 / Estrididae

识别特征　中等体型（11 cm）的文鸟。上体深褐色，特征为具尖形的黑色尾，腰白，腹部皮黄白。背上有白色纵纹，下体具细小的皮黄色鳞状斑及细纹。亚成鸟色较淡，腰皮黄色。虹膜褐色，嘴灰色，脚灰色。叫声：活泼的颤鸣及颤音 prrrit。

生活习性　性喧闹吵嚷，结小群生活。习性似其他文鸟。

地理分布　印度、中国南方、东南亚。亚种 swinhoei 见于中国南方大部地区包括台湾；subsquamicollis 见于云南及台湾的热带区。地方性常见于低海拔的林缘、次生灌丛、农田及花园，高可至海拔 1 600 m。

六十一 雀科 Passeridae

271 山麻雀 *Passer cinnamomeus*

雀形目 / PASSERIFORMES 雀科 / Passeridae

识别特征 中等体型（14 cm）的艳丽麻雀。雄雌异色。雄鸟顶冠及上体为鲜艳的黄褐色或栗色，上背具纯黑色纵纹，喉黑，脸颊污白。雌鸟色较暗，具深色的宽眼纹及奶油色的长眉纹。亚种 cinnamoneus 雄鸟头侧及下体沾黄。亚种 batangensis 及 intensior 均似 cinnamoneus，但黄色较淡。虹膜褐色，嘴灰色（雄鸟），黄色而嘴端色深（雌鸟）；脚粉褐色。叫声：包括 cheep 声、快速的 chit-chit-chit 声或重复的鸣声 cheep-chirrup-cheweep。

生活习性 结群栖于高地的开阔林、林地或近耕地的灌木丛。栖于家麻雀不出现的城镇及村庄。

地理分布 喜马拉雅山脉、中国青藏高原东部及华中、华南和华东。常见种。亚种 cinnamoneus 见于西藏东部及东南部至青海南部；intensior 见于西南至西藏东南部及四川西北部；batangensis 见于四川南部巴塘地区西部及云南西部；指名亚种见于华中、华南及东南大部并台湾。

272 麻雀 *Passer montanus*

雀形目 / PASSERIFORMES　雀科 / Passeridae

识别特征　体型略小（14 cm）的矮圆而活跃的麻雀。顶冠及颈背褐色，两性同色。成鸟上体近褐色，下体皮黄灰色，颈背具完整的灰白色领环。与家麻雀及山麻雀的区别在于脸颊具明显黑色点斑且喉部黑色较少。幼鸟似成鸟但色较暗淡，嘴基黄色。虹膜深褐色，嘴黑色，脚粉褐色。叫声：为生硬的 cheep cheep 声或金属音的 tzooit 声，飞行时也作 tet tet tet 的叫声。鸣声为重复的一连串叫声，间杂以 tsveet 声。

生活习性　栖于有稀疏树木的地区、村庄及农田并为害农作物。在中国东部替代家麻雀作为城镇中的麻雀。

地理分布　欧洲、中东、中亚和东亚、喜马拉雅山脉及东南亚。常见于中国各地包括海南岛及台湾，高可至中等海拔区。中国有 7 个地理亚种，montanus 见于东北；saturatus 见于华东、华中及东南包括台湾；dilutus 见于西北；tibetanus 见于青藏高原；kansuensis 见于甘肃及内蒙古中部；hepaticus 见于西藏东南部；molaccensis 见于西南及海南岛的热带地区。

六十二 鹡鸰科 Motacillidae

273 山鹡鸰 *Dendronanthus indicus*

雀形目 / PASSERIFORMES　鹡鸰科 / Motacillidae

识别特征　中等体型（17 cm）的褐色及黑白色林鹡鸰。上体灰褐色，眉纹白色；两翼具黑白色的粗显斑纹；下体白色，胸上具两道黑色的横斑纹，较下的一道横纹有时不完整。虹膜灰色；嘴角质褐色，下嘴较淡；脚偏粉色。叫声：常作响亮的吱吱声，飞行时发出短促的 tsep 叫声。

生活习性　单独或成对在开阔森林地面穿行。尾轻轻往两侧摆动，不似其他鹡鸰尾上下摆动。甚驯服，受惊时作波状低飞仅至前方几米处停下。也停栖树上。

地理分布　繁殖在亚洲东部；冬季南移至印度、中国东南部、东南亚。繁殖在中国东北部、北部、中部及东部。越冬在中国南部、东南部及西南、南部和西藏东南部，高至海拔 1 200 m 处。地方性常见。

274 黄鹡鸰 *Motacilla tschutschensis*

雀形目 / PASSERIFORMES　鹡鸰科 / Motacillidae

识别特征　中等体型（18 cm）的带褐色或橄榄色的鹡鸰。似灰鹡鸰但背橄榄绿色或橄榄褐色而非灰色，尾较短，飞行时无白色翼纹或黄色腰。亚种各异：较常见的亚种 simillima 雄鸟头顶灰色，眉纹及喉白色；taivana 头顶橄榄色与背同，眉纹及喉黄色；tchutschensis 头顶及颈背深蓝灰，眉纹及喉白色；macronyx 头灰色，无眉纹，颏白而喉黄；leucocephala 头顶及头侧白色；plexa 头顶及颈背青石灰色；melanogrisea 头顶、颈背及头侧橄榄黑色。非繁殖期体羽褐色较重较暗，但三四月已恢复繁殖期体羽。雌鸟及亚成鸟无黄色的臀部。亚成鸟腹部白。虹膜褐色，嘴褐色，脚褐至黑色。叫声：群鸟飞行时发出尖细悦耳的 tsweep 声，结尾时略上扬。鸣声为重复的叫声间杂颤鸣声。

生活习性　喜稻田、沼泽边缘及草地。常结成甚大群，在牲口及水牛周围取食。

地理分布　繁殖于欧洲至西伯利亚及阿拉斯加，南迁至印度、中国、东南亚及澳大利亚。常见的低地夏季繁殖鸟、冬候鸟及过境鸟。亚种 plexa、angarensis、simillima、beema 及 tschuschensis 繁殖于西伯利亚东部，但迁徙时见于中国东部省份。simillima 也经过台湾。macronyx 繁殖于中国北方及东北，越冬在中国东南及海南岛。leucocephalus 繁殖于中国西北部，越冬在喀什地区。melanogrisea 繁殖于新疆西部天山及塔尔巴哈台山。taivana 迁徙经中国东部，越冬在中国东南部、台湾及海南岛。

275 黄头鹡鸰 *Motacilla citreola*

雀形目 / PASSERIFORMES 鹡鸰科 / Motacillidae

识别特征 体型略小（18 cm）的鹡鸰。头及下体艳黄色。诸亚种上体的色彩不一。亚种 citreola 背及两翼灰色；werae 背部灰色较淡；calcarata 背及两翼黑色。具两道白色翼斑，雌鸟头顶及脸颊灰色。与黄鹡鸰的区别在于背灰色。亚成鸟暗淡白色取代成鸟的黄色。虹膜深褐色；嘴黑色，脚近黑。叫声：喘息声 tsweep，不如灰鹡鸰或黄鹡鸰的沙哑。从栖处或于飞行时鸣叫，为重复而有颤鸣叫声。

生活习性 喜沼泽草甸、苔原带及柳树丛。

地理分布 繁殖于中东北部、俄罗斯、中亚、印度西北部、中国北方；越冬至印度及中国南方和东南亚。亚种 werae 繁殖于中国西北至塔里木盆地的北部；citreola 繁殖于中国北方及东北，冬季迁至华南沿海；calcarata 繁殖于中国中西部及青藏高原，冬季迁至西藏东南部及云南。

276 灰鹡鸰 *Motacilla cinerea*

雀形目 / PASSERIFORMES　鹡鸰科 / Motacillidae

识别特征　中等体型（19 cm）而尾长的偏灰色鹡鸰。腰黄绿色，下体黄色。与黄鹡鸰的区别在于上背灰色，飞行时白色翼斑和黄色的腰显现，且尾较长。成鸟下体黄色，亚成鸟偏白。虹膜褐色，嘴黑褐色，脚粉灰色。叫声：飞行时发出尖声的 tzit-zee 或生硬的单音 tzit。

生活习性　常光顾多岩溪流并在潮湿砾石或沙地觅食，也于最高山脉的高山草甸上活动。

地理分布　繁殖于欧洲至西伯利亚及阿拉斯加，南迁至非洲、印度、东南亚及澳大利亚。亚种 robusta（cinerea 也可能）繁殖于天山西部、西北及东北至华中；在台湾也有繁殖。越冬在西南、长江中游、华南、东南以及海南岛和台湾。一般常见于各海拔高度。

277 白鹡鸰 *Motacilla alba*

雀形目 / PASSERIFORMES　鹡鸰科 / Motacillidae

识别特征　中等体型（20 cm）的黑、灰色及白色鹡鸰。体羽上体灰色，下体白色，两翼及尾黑白相间。冬季头后、颈背及胸具黑色斑纹但不如繁殖期扩展。黑色的多少随亚种而异。亚种 dukhunensis 及 ocularis 的颏及喉黑色，baicalensis 颏及喉灰色，其余白色。亚种 ocularis 有黑色贯眼纹。雌鸟似雄鸟但色较暗。亚成鸟灰色取代成鸟的黑色。虹膜褐色，嘴及脚黑色。叫声：清晰而生硬的 chissick 声。

生活习性　栖于近水的开阔地带、稻田、溪流边及道路上。受惊扰时飞行骤降并发出示警叫声。

地理分布　非洲、欧洲及亚洲。繁殖于东亚的鸟南迁至东南亚越冬。亚种 personata 繁殖于中国西北；baicalensis 繁殖于中国极北部及东北；dukhunensis 迁徙时有记录于中国西北；ocularis 越冬于中国南方包括海南岛及台湾。常见于中等海拔区，高可至海拔 1 500 m。

278 田鹨 *Anthus richardi*

雀形目 / PASSERIFORMES　鹡鸰科 / Motacillidae

识别特征　体大（16 cm）而站势高的鹨。后爪颇长而微曲。上体和肩沙褐色或者棕黄色，具黑褐色纵纹，腰以后纵纹模糊，尾羽黑褐色，中央尾羽外缘沙褐色，最外侧两对有楔状大白斑，两翅表面黑褐色，具棕黄色或沙褐色羽端、羽缘或外缘；头侧棕黄色或较白，耳覆羽纹褐色，眼下的弧纹和颚纹黑褐色，下体白色，胸胁棕黄色，胸有褐点，嘴暗褐色，下嘴基部较黄，脚肉褐色。叫声：起伏飞行时重复发出 chew-ii chew-ii 或 chip-chip-chip 及细弱的啾啾叫声 chup-chup。

生活习性　见于稻田及短草地。急速于地面奔跑，进食时尾摇动。

地理分布　印度至东南亚及中国西南。常见于四川南部及云南；越冬鸟至广西及广东。

279 粉红胸鹨 *Anthus roseatus*

雀形目 / PASSERIFORMES 鹡鸰科 / Motacillidae

识别特征 中等体型（15 cm）的偏灰色而具纵纹的鹨。眉纹显著。繁殖期下体粉红色而几无纵纹，眉纹粉红色。非繁殖期粉皮黄色的粗眉线明显，背灰色而具黑色粗纵纹，胸及两胁具浓密的黑色点斑或纵纹。柠檬黄色的小翼羽为本种特征。虹膜褐色，嘴灰色，脚偏粉色。叫声：柔弱的 seep-seep 叫声，炫耀飞行时鸣声为 tit-tit-tit-tit-tit teedle teedle。

生活习性 通常藏隐于近溪流处。比多数鹨姿势较平。

地理分布 喜马拉雅山脉、中国；越冬至印度北部的平原地带。繁殖从新疆西部的青藏高原边缘东至山西及河北，南至四川及湖北。南迁越冬至西藏东南部、云南。有迷鸟至海南岛。甚常见于海拔 2 700 ～ 4 400 m 的高山草甸及多草的高原。越冬下至稻田。

280 红喉鹨 *Anthus cervinus*

雀形目 / PASSERIFORMES　鹡鸰科 / Motacillidae

识别特征　中等体型（15 cm）的褐色鹨。与树鹨的区别在于上体褐色较重，腰部多具纵纹并具黑色斑块，胸部较少粗黑色纵纹，喉部多粉红色。与北鹨的区别在于腹部粉皮黄色而非白色，背及翼无白色横斑，且叫声不同。虹膜褐色；嘴角质色，基部黄色；脚肉色。叫声：飞行时发出尖细的 pseeoo 叫声，比其他鹨的叫声悦耳。

生活习性　喜湿润的耕作区包括稻田。

地理分布　繁殖于古北区北部，迁徙至非洲、印度北部、东南亚。并不罕见的候鸟，迁徙经中国北方、华东、华中至长江以南地区并海南岛和台湾越冬。

281 树鹨 *Anthus hodgsoni*

雀形目 / PASSERIFORMES 鹡鸰科 / Motacillidae

识别特征 中等体型（15 cm）的橄榄色鹨。具粗显的白色眉纹。与其他鹨的区别在于上体纵纹较少，喉及两胁皮黄色，胸及两胁黑色纵纹浓密。亚种yunnanensis上背及腹部较指名亚种纵纹稀疏。虹膜褐色；嘴，下嘴偏粉，上嘴角质色；脚粉红色。叫声：飞行时发出细而哑的tseez叫声，在地面或树上休息时重复单音的短句tsi…tsi…，鸣声较林鹨音高且快，带似鹪鹩的生硬颤音。

生活习性 比其他的鹨更喜有林的栖息生境，受惊扰时降落于树上。

地理分布 繁殖于喜马拉雅山脉及东亚，冬季迁至印度、东南亚。指名亚种繁殖于中国东北及喜马拉雅山脉，越冬在中国东南、华中及华南以及台湾和海南岛。亚种yunnanensis繁殖于陕西南部至云南及西藏南部，越冬在南方包括海南岛及台湾。常见于开阔林区，高可至海拔4 000 m。

282 黄腹鹨 *Anthus rubescens japonicus*

雀形目 / PASSERIFORMES　鹡鸰科 / Motacillidae

识别特征　体型略小（15 cm）的褐色而满布纵纹的鹨。似树鹨但上体褐色浓重，胸及两胁纵纹浓密，颈侧具近黑色的块斑。初级飞羽及次级飞羽羽缘白色。罕见亚种 rubescens 褐色较浓但纵纹较少。虹膜褐色；嘴，上嘴角质色，下嘴偏粉色；脚暗黄色。叫声：飞行叫声为偏高的 jeet-eet 声，不如水鹨尖厉；鸣声为一连串快速的 chee 或 cheedle 声。

生活习性　冬季喜沿溪流的湿润多草地区及稻田活动。

地理分布　繁殖于古北界西部、东北亚及北美洲，越冬南迁。亚种 japonicus 繁殖于西伯利亚，但越冬在中国东北至云南及长江流域。甚常见。北美洲的亚种 rubescens 在土耳其曾有迷鸟记录，偶尔可能至新疆。

283 水鹨 *Anthus spinoletta coutellii*

雀形目 / PASSERIFORMES 鹡鸰科 / Motacillidae

识别特征 中等体型（15 cm）的偏灰色而具纵纹的鹨。眉纹显著。繁殖期下体粉红色而几无纵纹，眉纹粉红色。非繁殖期粉皮黄色的粗眉线明显，背灰色而具黑色粗纵纹，胸及两胁具浓密的黑色点斑或纵纹。柠檬黄色的小翼羽为本种特征。虹膜褐色，嘴灰色，脚偏粉色。叫声：柔弱的 seep-seep 叫声。炫耀飞行时鸣声为 tit-tit-tit-tit-tit teedle teedle。

生活习性 通常藏隐于近溪流处。比多数鹨姿势平。

地理分布 喜马拉雅山脉、中国，越冬至印度北部的平原地带。繁殖于新疆西部的青藏高原边缘东至山西及河北，南至四川及湖北。南迁越冬至西藏东南部、云南。有迷鸟至海南岛。甚常见于海拔 2 700 ~ 4 400 m 的高山草甸及多草的高原。越冬下至稻田。

六十三 燕雀科 Fringillidae

284 燕雀 *Fringilla montifringilla*

雀形目 / PASSERIFORMES 燕雀科 / Fringillidae

识别特征 中等体型（16 cm）而斑纹分明的壮实型雀鸟。胸棕而腰白。成年雄鸟头及颈背黑色，背近黑；腹部白，两翼及叉形的尾黑色，有醒目的白色“肩”斑和棕色的翼斑，且初级飞羽基部具白色点斑。非繁殖期的雄鸟与繁殖期雌鸟相似，但头部图纹明显为褐、灰色及近黑色。虹膜褐色；嘴黄色，嘴尖黑色；脚粉褐色。叫声：悦耳的鸣声由几笛音的音节接长长的 zweee 声或下降的啷声；叫声为重复响亮而单调的粗喘息声 zweee，也发出高叫及吱叫声；飞行叫声为 chuee。

生活习性 喜跳跃和波状飞行。成对或小群活动。于地面或树上取食，似苍头燕雀。

地理分布 古北区北部。不常见。于落叶混交林及林地、针叶林林间空地越冬。见于中国东半部及西北部的天山、青海西部，偶至中国南方。

285 锡嘴雀 *Coccothraustes coccothraustes*

雀形目 / PASSERIFORMES 燕雀科 / Fringillidae

识别特征 体大（17 cm）而胖墩的偏褐色雀鸟。嘴特大而尾较短，具粗显的白色宽肩斑。雄雌几乎同色。成鸟具狭窄的黑色眼罩；两翼闪辉蓝黑色（雌鸟灰色较重），初级飞羽上端非同寻常地弯而尖；尾暖褐色而略凹，尾端白色狭窄，外侧尾羽具黑色次端斑；两翼的黑白色图纹上下两面均清楚。幼鸟似成鸟但色较深且下体具深色的小点斑及纵纹。虹膜褐色，嘴角质色至近黑；脚粉褐色。叫声：鸣声以哨音开始，以流水般悦耳音节 deek-waree-ree-ree 收尾；叫声为突发性 tzick 声，也有尖声的 teee 或 tzeep。

生活习性 成对或结小群栖于林地、花园及果园，高可至海拔 3 000 m。通常惧生而安静。

地理分布 欧亚大陆的温带区。甚常见。指名亚种繁殖于中国东北，迁徙经中国东部至长江及西江的集水处以及东南沿海省份越冬。亚种 japonicus 越冬在东南沿海省份，有迷鸟至台湾。

286 黑头蜡嘴雀 *Eophona personata*

雀形目 / PASSERIFORMES　燕雀科 / Fringillidae

识别特征　体大（20 cm）而圆墩的雀鸟。黄色的嘴硕大，雄雌同色。似雄性黑尾蜡嘴雀但嘴更大且全黄，臀近灰，三级飞羽的褐色及白色图纹有异。初级飞羽近端处具白色的小块斑，但三级飞羽、初级覆羽及初级飞羽的羽端无白色。飞行时这些差异均甚明显。幼鸟褐色较重，头部黑色减少至狭窄的眼罩，也具两道皮黄色翼斑。亚种 magnirostris 较指名亚种体大而色淡，嘴大。虹膜深褐色，嘴黄色，脚粉褐色。叫声：飞行时发出生硬的 tak-tak 声，鸣声为 4 ～ 5 音节的似笛哨音。

生活习性　较其他蜡嘴雀更喜低地。通常结小群活动。甚惧生而安静。

地理分布　繁殖于西伯利亚东部、中国东北、朝鲜及日本，越冬至中国南方。地方性常见。指名亚种越冬于中国南方，极少至台湾。magnirostris 繁殖于中国东北（长白山及小兴安岭），经华东至南方越冬。

287 黑尾蜡嘴雀 *Eophona migratoria*

雀形目 / PASSERIFORMES　燕雀科 / Fringillidae

识别特征　体型略大（17 cm）而敦实的雀鸟。黄色的嘴硕大而端黑。繁殖期雄鸟外形极似有黑色头罩的大型灰雀，体灰，两翼近黑。与黑头蜡嘴雀的区别在于嘴端黑色，初级飞羽、三级飞羽及初级覆羽羽端白色，臀黄褐色。雌鸟似雄鸟但头部黑色少。幼鸟似雌鸟但褐色较重。虹膜褐色，嘴深黄而端黑，脚粉褐色。叫声：鸣声为一连串的哨音和颤音，似赤胸朱顶雀；叫声为响亮而沙哑的 tek-tek 声。

生活习性　利用林地及果园，从不见于密林。

地理分布　西伯利亚东部、朝鲜、日本南部及中国东部，越冬至中国南方。地方性常见。指名亚种繁殖于中国东北的落叶林及混交林，至中国南方及台湾越冬。亚种 sowerbyi 繁殖于华中及华东尤其是长江下游的集水处，向西可抵四川；越冬在西南。

288 普通朱雀 *Carpodacus erythrinus*

雀形目 / PASSERIFORMES 燕雀科 / Fringillidae

识别特征 体型略小（15 cm）而头红的朱雀。上体灰褐色，腹白色。繁殖期雄鸟头、胸、腰及翼斑多具鲜亮红色，随亚种而程度不同，roseatus 几乎全红，grebnitskii 下体淡粉红。雌鸟无粉红，上体青灰褐色，下体近白。幼鸟似雌鸟但褐色较重且有纵纹。雄鸟与其他朱雀的区别在于红色鲜亮。无眉纹，腹白，脸颊及耳羽色深而有别于多数相似种类。雌鸟色暗淡。虹膜深褐色，嘴灰色，脚近黑。叫声：鸣声为单调重复的缓慢上升哨音 weeja-wu-weeeja 或其变调。叫声为有特色的清晰上扬哨音 ooeet。示警叫声为 chay-eeee。

生活习性 栖于亚高山林带但多在林间空地、灌丛及溪流旁。单独、成对或结小群活动。飞行呈波状。不如其他朱雀隐秘。

地理分布 繁殖于欧亚区北部及中亚的高山、喜马拉雅山脉、中国西部及西北部。越冬南迁至印度、中南半岛北部及中国南方。常见的留鸟及候鸟，常见于海拔 2 000 ~ 2 700 m，但在中国东北较低而在青藏高原则较高。亚种 roseatus 广泛分布于新疆西北部及西部，整个青藏高原及其东部外缘至宁夏、湖北及云南北部。越冬在中国西南的热带山地。亚种 grebnitskii 繁殖于中国东北呼伦池及大兴安岭，经中国东部至沿海省份及南方低地越冬。

289 金翅雀 *Chloris sinica*

雀形目 / PASSERIFORMES　燕雀科 / Fringillidae

识别特征　体小（13 cm）的黄、灰色及褐色雀鸟。具宽阔的黄色翼斑。成体雄鸟顶冠及颈背灰色，背纯褐色，翼斑、外侧尾羽基部及臀黄色。雌鸟色暗，幼鸟色淡且多纵纹。与黑头金翅雀的区别为头无深色图纹，体羽褐色较暖，尾呈叉形。虹膜深褐色，嘴偏粉色，脚粉褐色。叫声：鸣声较沙哑且有粗声 kirr，有特殊的啾啾飞行叫声 dzi-dzi-i-dzi-i 及带鼻音的 dzweee 声。

生活习性　栖于灌丛、旷野、人工林、林园及林缘地带，高可至海拔 2 400 m。

地理分布　西伯利亚东南部、蒙古、日本、中国东部、越南。常见。几个亚种在中国为留鸟，亚种 chabovovi 见于黑龙江北部及内蒙古东部呼伦池地区；ussuriensis 见于内蒙古东南部、黑龙江南部、辽宁及河北；指名亚种见于华东及华南大部，西至青海东部、四川、云南及广西；kawarahiba 繁殖于堪察加（越冬在日本），但有迷鸟至台湾。

290 黄雀 *Spinus spinus*

雀形目 / PASSERIFORMES　燕雀科 / Fringillidae

识别特征　体型甚小（11.5 cm）的雀鸟。特征为嘴短，翼上具醒目的黑色及黄色条纹。成体雄鸟的顶冠及颏黑色，头侧、腰及尾基部亮黄色。雌鸟色暗而多纵纹，顶冠和颏无黑色。幼鸟似雌鸟但褐色较重，翼斑多橘黄色。与所有其他小型且色彩相似的雀的区别在于嘴形尖直。虹膜深褐色，嘴偏粉色，脚近黑。叫声：鸣声为叮当作响的金属音啾叫、颤音及喘息声的混合，于高栖处或在作姿势如蝙蝠的炫耀飞行时发出；典型叫声为细弱的 tsuu-ee 声或干涩的 tet-tet 声；告警时也作唧啾叫声及尖声的 tsooeet。

生活习性　冬季结大群作波状飞行。觅食似山雀且活泼好动。

地理分布　不连贯。见于欧洲至中东及东亚。甚常见。

六十四 鹀科 Emberizidae

291 灰眉岩鹀 *Emberiza godlewskii*

雀形目 / PASSERIFORMES 鹀科 / Emberizidae

识别特征 体型略大（16 cm）的鹀。特征为头具灰色及黑色条纹，下体暖褐色。雌鸟似雄鸟但色暗。与戈氏岩鹀的区别在于头部条纹黑色而非褐色，且头部的灰色甚显白。亚种 stracheyi 较小，下体色深，腰棕色较深。亚种 stracheyi 及 par 均具皮黄色的翼斑。虹膜深红褐色；嘴灰色，嘴端近黑，下嘴基黄或粉色；脚橙褐色。叫声：鸣声甚悠长，加速成清晰的啾啾短句声似鹪鹩或芦鹀。叫声为尖而拖长的 tsii 声，告警时加长并重复；其他叫声包括短促的 tiip 声、唧啾声及卷舌音 trrr。

生活习性 喜干燥少植被的多岩丘陵山坡及沟壑深谷，冬季移至开阔多矮丛的栖息生境。

地理分布 西北非、南欧至中亚和喜马拉雅山脉。地方性常见留鸟，高可至海拔 4 000 m。亚种 par 在新疆西北部阿尔泰山及西天山，stracheyi 见于西藏西南部札达、噶尔及普兰地区。

292 三道眉草鹀 *Emberiza cioides*

雀形目 / PASSERIFORMES　鹀科 / Emberizidae

识别特征　体型略大（16 cm）的棕色鹀。具醒目的黑白色头部图纹和栗色的胸带，以及白色的眉纹、上髭纹并颏及喉。繁殖期雄鸟脸部有别致的褐色及黑白色图纹，胸栗色，腰棕色。雌鸟色较淡，眉线及下颊纹皮黄色，胸浓皮黄色。雄雌两性均似鲜见于中国东北的栗斑腹鹀。但三道眉草鹀的喉与胸对比强烈，耳羽褐色而非灰色，白色翼纹不醒目，上背纵纹较少，腹部无栗色斑块。幼鸟色淡且多细纵纹，甚似戈氏岩鹀及灰眉岩鹀的幼鸟但中央尾羽的棕色羽缘较宽，外侧尾羽羽缘白色。亚种 weigoldi 较指名亚种鲜艳且栗色较重；tanbagataica 的色彩最淡，腰棕色较少，胸带较窄；castaneiceps 体型最小而色彩最深，上体较少纵纹。虹膜深褐色；嘴双色，上嘴色深，下嘴蓝灰而嘴端色深；脚粉褐色。叫声：鸣声为短而急的短句似戈氏岩鹀，常由突出的栖处作叫，但开始音 tsitt 不如戈氏岩鹀的音高；叫声为偏高的 zit-zit-zit 声，为快速而成串的 3~4 个音节。

生活习性　栖居于高山丘陵的开阔灌丛及林缘地带，冬季下至较低的平原地区。

地理分布　西伯利亚南部、蒙古、中国北部及东部，东至日本。亚种间具梯度变异且分布不十分清楚。亚种 tanbagataica 为留鸟，见于中国西北天山地区；cioides 为留鸟，见于中国西北阿尔泰山及青海东部；weigoldi 见于中国东北大部；castaneiceps 为留鸟，见于中国华中及华东，冬季有时远及台湾和南部沿海。

293 白眉鹀 *Emberiza tristrami*

雀形目 / PASSERIFORMES　鹀科 / Emberizidae

识别特征　中等体型（15 cm）的鹀。头具显著条纹。成年雄鸟不可能误认，头部有黑白色图纹，喉黑，腰棕色而无纵纹。雌鸟及非繁殖期雄鸟色暗，头部对比较小，但图纹似繁殖期的雄鸟，仅颏色浅。较黄眉鹀而少黄色眉纹，较田鹀少红色的颈背。与黄眉鹀的区别在于尾色较淡，黄褐色较多，胸及两胁纵纹较少且喉色较深。虹膜深栗褐色；嘴，上嘴蓝灰，下嘴偏粉色；脚浅褐色。叫声：于林上层鸣唱，以清晰高音组起始，接或高或低的第二组音，叫声结尾有一可变的且简单而迅速重复的音组，通常以短促的 chit 声收尾。

生活习性　多藏隐于山坡林下的浓密棘丛。常结成小群。

地理分布　中国东北及西伯利亚的邻近地区，越冬至中国南方，偶尔在缅甸北部及越南北部有见。繁殖于中国东北的林区，越冬于中国南方的常绿林，有记录迁徙时见于华东及沿海省份。

294 栗耳鹀 *Emberiza fucata*

雀形目 / PASSERIFORMES 鹀科 / Emberizidae

识别特征 体型略大（16 cm）的鹀。繁殖期雄鸟的栗色耳羽与灰色的顶冠及颈侧成对比；颈部图纹独特，为黑色下颊纹下延至胸部与黑色纵纹形成的项纹相接，并与喉及其余部位的白色以及棕色胸带上的白色成对比。雌鸟及非繁殖期雄鸟相似，但色彩较淡而少特征，似第一冬的圃鹀但区别为耳羽及腰多棕色，尾侧多白。亚种 arcuata 雄鸟较指名亚种色深而多彩，且项纹黑色重，上背黑色纵纹较少，棕色胸带较宽。相似亚种 kuatunensis 色深且上体较红，具狭窄的胸带。虹膜深褐色；嘴，上嘴黑色具灰色边缘，下嘴蓝灰

且基部粉红；脚粉红色。叫声：于矮丛顶上作叫，鸣声较其他的鹀快而更为嘁喳，由断续的 zwee 声音节加速而成嘁喳一片，以两声 triip triip 收尾，叫声为爆破音 pzick 而似田鹀。

生活习性 具本属的典型特性。冬季成群。

地理分布 喜马拉雅山脉西段至中国、蒙古东部及西伯利亚东部；越冬至朝鲜、日本南部及中南半岛北部。常见于中国东北（fucata），华中、西南及西藏东南部（arcuata）；不甚常见并繁殖于江苏南部、福建及江西（kuatunensis）。越冬在台湾及海南岛，候鸟途经华东大部。

295 小鹀 *Emberiza pusilla*

雀形目 / PASSERIFORMES　鹀科 / Emberizidae

识别特征　体小（13 cm）而具纵纹的鹀。头具条纹，雄雌同色。繁殖期成鸟体小而头具黑色和栗色条纹，眼圈色浅。冬季雄雌两性耳羽及顶冠纹暗栗色，颊纹及耳羽边缘灰黑色，眉纹及第二道下颊纹暗皮黄褐色。上体褐色而带深色纵纹，下体偏白，胸及两胁有黑色纵纹。虹膜深红褐色，嘴灰色，脚红褐色。叫声：音高而轻的 pwick 或 tip tip 声，也作 tsew 声。

生活习性　常与鹨类混群。藏隐于草丛、灌丛和芦苇地。

地理分布　繁殖在欧洲极北部及亚洲北部；冬季南迁至印度东北部、中国及东南亚。迁徙时常见于中国东北，越冬在新疆极西部、华中、华东和华南的大部地区及台湾。

296 黄眉鹀 *Emberiza chrysophrys*

雀形目 / PASSERIFORMES　鹀科 / Emberizidae

识别特征　体型略小（15 cm）的鹀。头具条纹。似白眉鹀但眉纹前半部黄色，下体更白而多纵纹，翼斑也更白，腰更显斑驳且尾色较重。黄眉鹀的黑色下颊纹比白眉鹀明显，并分散而融入胸部纵纹中。与冬季灰头鹀的区别在于腰棕色，头部多条纹且反差明显。虹膜深褐色；嘴粉色，嘴峰及下嘴端灰色；脚粉红色。叫声：于繁殖区鸣声似白眉鹀但较缓慢而少嘁喳声，从茂密森林的树栖处发出；联络叫声为短促的 ziit 声而似灰头鹀。

生活习性　通常见于林缘的次生灌丛。常与其他鹀混群。

地理分布　繁殖于俄罗斯贝加尔湖以北。不常见。越冬在长江流域及南方沿海省份的有稀疏矮丛及棘丛的开阔地带。

297 田鹀 *Emberiza rustica*

雀形目 / PASSERIFORMES 鹀科 / Emberizidae

识别特征 体型略小（14.5 cm）而色彩明快的鹀。腹部白色。成年雄鸟清爽明晰，头具黑白色条纹，颈背、胸带、两胁纵纹及腰棕色，略具羽冠。雌鸟及非繁殖期雄鸟相似但白色部位色暗，染皮黄色的脸颊后方通常具一近白色点斑。幼鸟不甚清楚且纵纹密布。亚种 latifascia 顶冠较指名亚种为黑，胸带及两胁纵纹红色较重。虹膜深栗褐色；嘴深灰色，基部粉灰色；脚偏粉色。叫声：鸣声为悦耳的颤鸣音，从高栖处发出；最普通的叫声为尖声的 tzip。告警叫声为高音的 tsiee。

生活习性 栖于泰加林、石楠丛及沼泽地带，越冬于开阔地带、人工林地及公园。

地理分布 繁殖于欧亚大陆北部的泰加林，越冬至中国。指名亚种为常见冬候鸟，见于中国东部省份及新疆极西部。亚种 latifascia 为不常见，越冬鸟见于东部沿海。可能在黑龙江北部的泰加林区有繁殖。

298 黄喉鹀 *Emberiza elegans*

雀形目 / PASSERIFORMES　鹀科 / Emberizidae

识别特征　中等体型（15 cm）的鹀。腹白，头部图纹为清楚的黑色及黄色，具短羽冠。雌鸟似雄鸟但色暗，褐色取代黑色，皮黄色取代黄色。与田鹀的区别在于脸颊青褐色而无黑色边缘，且脸颊后无浅色块斑。亚种 ticehursti 较指名亚种色淡而上背纵纹窄; elegantula 较指名亚种色深，上背、胸及两胁的纵纹粗且深。虹膜深栗褐色，嘴近黑，脚浅灰褐色。叫声：鸣声为单调的啾啾声，由树栖处作叫，似田鹀，叫声为重复而似流水的偏高声 tzik。

生活习性　栖于丘陵及山脊的干燥落叶林及混交林。越冬在多荫林地、森林及次生灌丛。

地理分布　分布不连贯，见于中国中部和东北、朝鲜及西伯利亚东南部。甚常见。亚种 elegantula 为留鸟，见于中国中部至西南；elegans 繁殖于西伯利亚东南部及黑龙江北部，越冬于中国东南及台湾；ticehursti 繁殖于朝鲜及邻近的中国东北地区，越冬于中国南方及东南沿海。

299 黄胸鹀 *Emberiza aureola*

雀形目 / PASSERIFORMES 鹀科 / Emberizidae

识别特征 中等体型（15 cm）而色彩鲜亮的鹀。繁殖期雄鸟顶冠及颈背栗色，脸及喉黑色，黄色的领环与黄色的胸腹部间隔有栗色胸带，翼角有显著的白色横纹。亚种 ornata 额部多黑色，且比指名亚种色深。非繁殖期的雄鸟色彩淡许多，颏及喉黄色，仅耳羽黑而具杂斑。雌鸟及亚成鸟顶纹浅沙色，两侧有深色的侧冠纹，几乎无下颊纹，形长的眉为浅淡皮黄色。所有亚种均具特征性白色肩纹或斑块，以及狭窄的白色翼斑，翼上白色斑块飞行时明显可见。虹膜深栗褐色；嘴，上嘴灰色，下嘴粉褐色；脚淡褐色。叫声：于突出的栖处鸣唱，鸣声为 djiiii-djiiii weee-weee ziii-ziii，较圃鹀缓慢而音高，且变调多为上升音调；叫声为短促而响亮的金属音 tic。

生活习性 栖于大面积的稻田、芦苇地或高草丛及湿润的荆棘丛。冬季结成大群并常与其他种类混群。

地理分布 繁殖于西伯利亚及达斡尔至中国东北，越冬至中国南方及东南亚。常见。指名亚种繁殖于新疆北部阿尔泰山；亚种 ornata 繁殖于中国东北。

300 栗鹀 *Emberiza rutila*

雀形目 / PASSERIFORMES 鹀科 / Emberizidae

识别特征 体型略小（15 cm）的栗色和黄色的鹀。繁殖期雄鸟头、上体及胸栗色而腹部黄色。非繁殖期雄鸟相似但色较暗，头及胸栗红色。雌鸟甚少特色，顶冠、上背、胸及两胁具深色纵纹。与雌性黄胸鹀及灰头鹀的区别为腰棕色，且无白色翼斑或尾部白色边缘。幼鸟纵纹更为浓密。虹膜深栗褐色，

嘴偏褐色或角质蓝色，脚淡褐色。叫声：由树的低栖处作叫，鸣声多变且似黄腰柳莺或林鹨。比灰头鹀音高。

生活习性 喜有低矮灌丛的开阔针叶林、混交林及落叶林，高可至海拔 2 500 m。越冬于林边及农耕区。

地理分布 繁殖于西伯利亚南部及外贝加尔泰加林的南部，越冬至中国南方及东南亚。繁殖于中国极东北部并可能于长白山；冬季甚常见于南方省份及台湾地区。迁徙时可能见于整个中国东半部。

301 灰头鹀 *Emberiza spodocephala*

雀形目 / PASSERIFORMES　鹀科 / Emberizidae

识别特征　体小（14 cm）的黑色及黄色鹀。指名亚种繁殖期雄鸟的头、颈背及喉灰色，眼先及颏黑色；上体余部浓栗色而具明显的黑色纵纹；下体浅黄或近白；肩部具一白斑，尾色深而带白色边缘。雌鸟及冬季雄鸟头橄榄色，过眼纹及耳覆羽下的月牙形斑纹黄色。冬季雄鸟与硫黄鹀的区别在于无黑色眼先。亚种 sordida 及 personata 头部较指名亚种多绿灰色，personata 的上胸及喉黄色。虹膜深栗褐色；嘴，上嘴近黑并具浅色边缘，下嘴偏粉色且嘴端深色；脚粉褐色。叫声：由显露的栖处作叫，鸣声为一连串活泼清脆的吱吱声及颤音，似芦鹀；叫声为轻嘶声 tsii-tsii。

生活习性　不断地弹尾以显露外侧尾羽的白色羽缘。越冬于芦苇地、灌丛及林缘。

地理分布　繁殖于西伯利亚、日本、中国东北及中西部，越冬至中国南方。常见。指名亚种繁殖于中国东北；越冬在中国南方包括海南岛及台湾。日本的亚种 personata 偶见越冬于华东及华南沿海附近。中国的亚种 sordida 繁殖于中国中西部（青海东部、甘肃、陕西南部、四川、云南北部、贵州及湖北），越冬至华南及华东省份和台湾。于森林、林地及灌丛的地面取食。

302 苇鹀 *Emberiza pallasi*

雀形目 / PASSERIFORMES 鹀科 / Emberizidae

识别特征 体小（14 cm）的鹀。头黑。繁殖期雄鸟：白色的下髭纹与黑色的头及喉成对比，颈圈白而下体灰，上体具灰色及黑色的横斑。似芦鹀但略小，上体几乎无褐色或棕色，小覆羽蓝灰而非棕色和白色，翼斑多显。雌鸟及非繁殖期雄鸟及各阶段体羽的幼鸟均为浅沙皮黄色，且头顶、上背、胸及两胁具深色纵纹。耳羽不如芦鹀或红颈苇鹀色深，灰色的小覆羽有别于芦鹀，上嘴形直而非凸形，尾较长。虹膜深栗色，嘴灰黑色，脚粉褐色。叫声：于灌丛顶部或草茎上作叫，鸣声仅为一单音节的重复；普通叫声为细弱的 chleep 声似麻雀，也有含混的 dziu 声似芦鹀。

生活习性 栖于低山丘陵和山脚平原地区的农田、草地、溪流沿岸、芦苇沼泽等。常成对或结小群活动，主要以草籽、植物幼芽为食，偶尔吃昆虫。

地理分布 不连贯。北方高山繁殖区于俄罗斯及西伯利亚苔原冻土带（polaris），南方繁殖区于西伯利亚南部及蒙古北部的干旱平原（指名亚种）。冬季南迁。鲜为人知。经中国西北至甘肃、陕西北部，以及沿东部沿海从辽宁直至广东越冬。有可能也繁殖于中国西部的阿尔泰山及特克斯河和中国东北的呼伦池及黑龙江北部（指名亚种）。可能还繁殖于鄂尔多斯高原。

中文名索引

拉丁文索引